I0052473

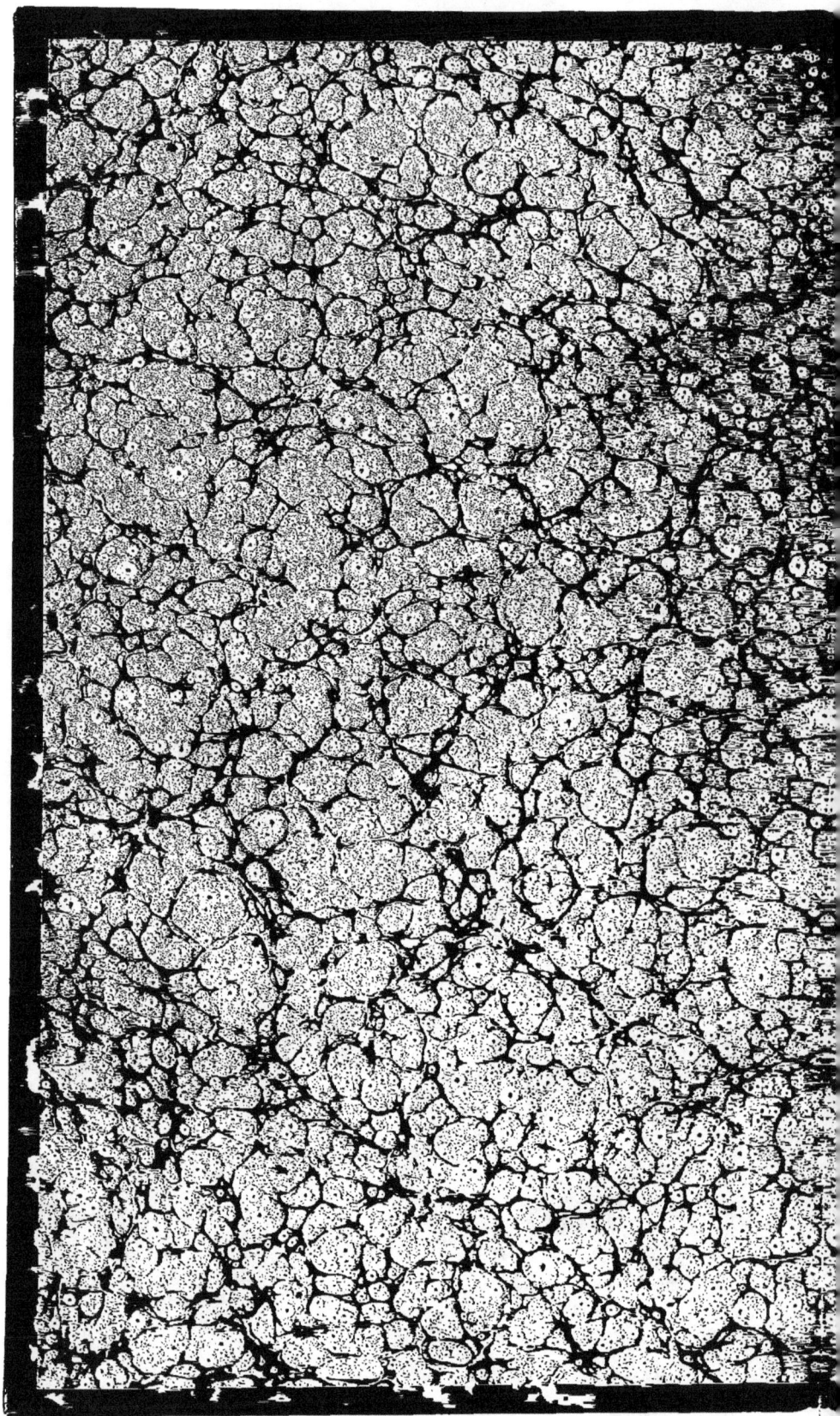

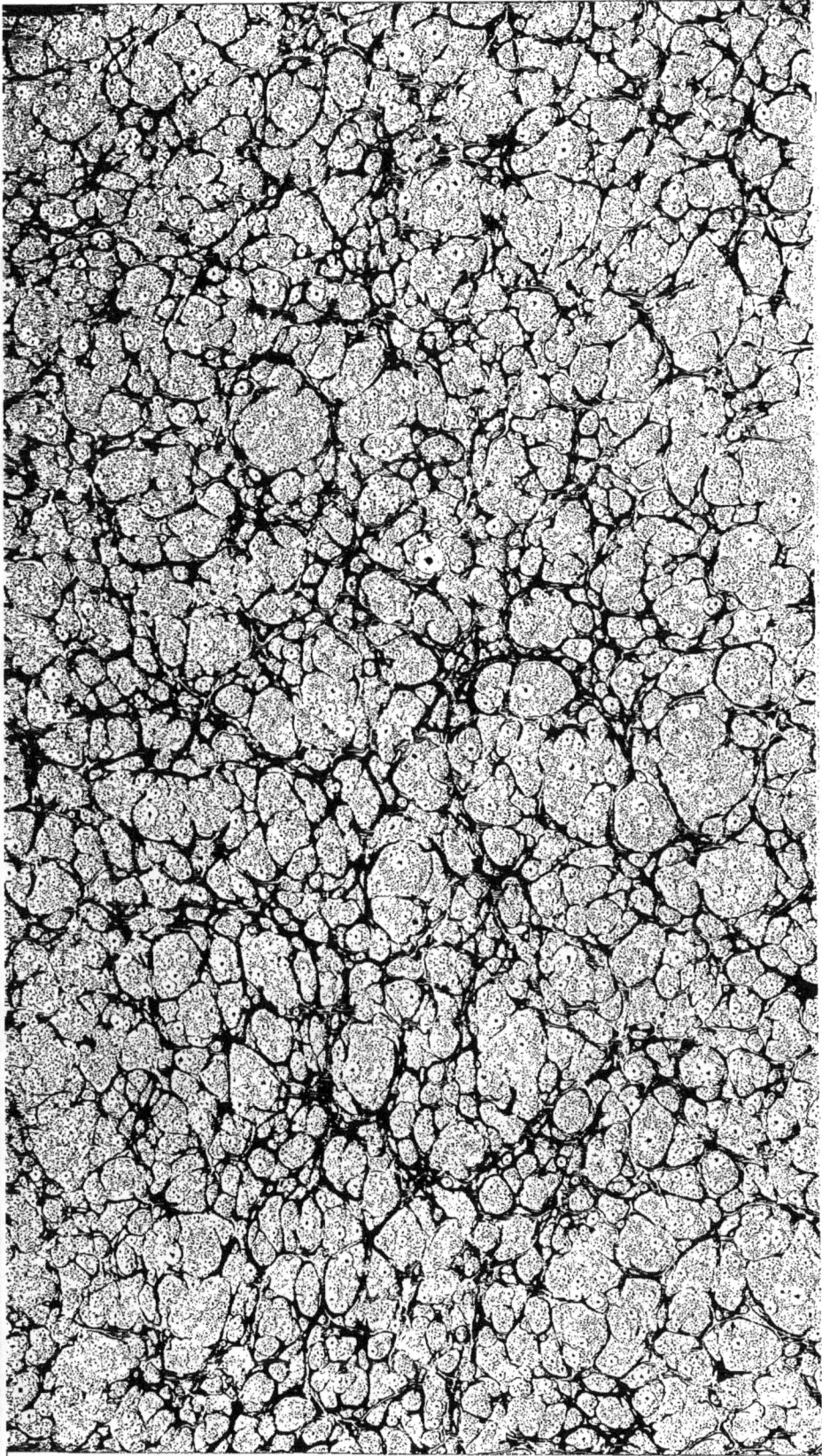

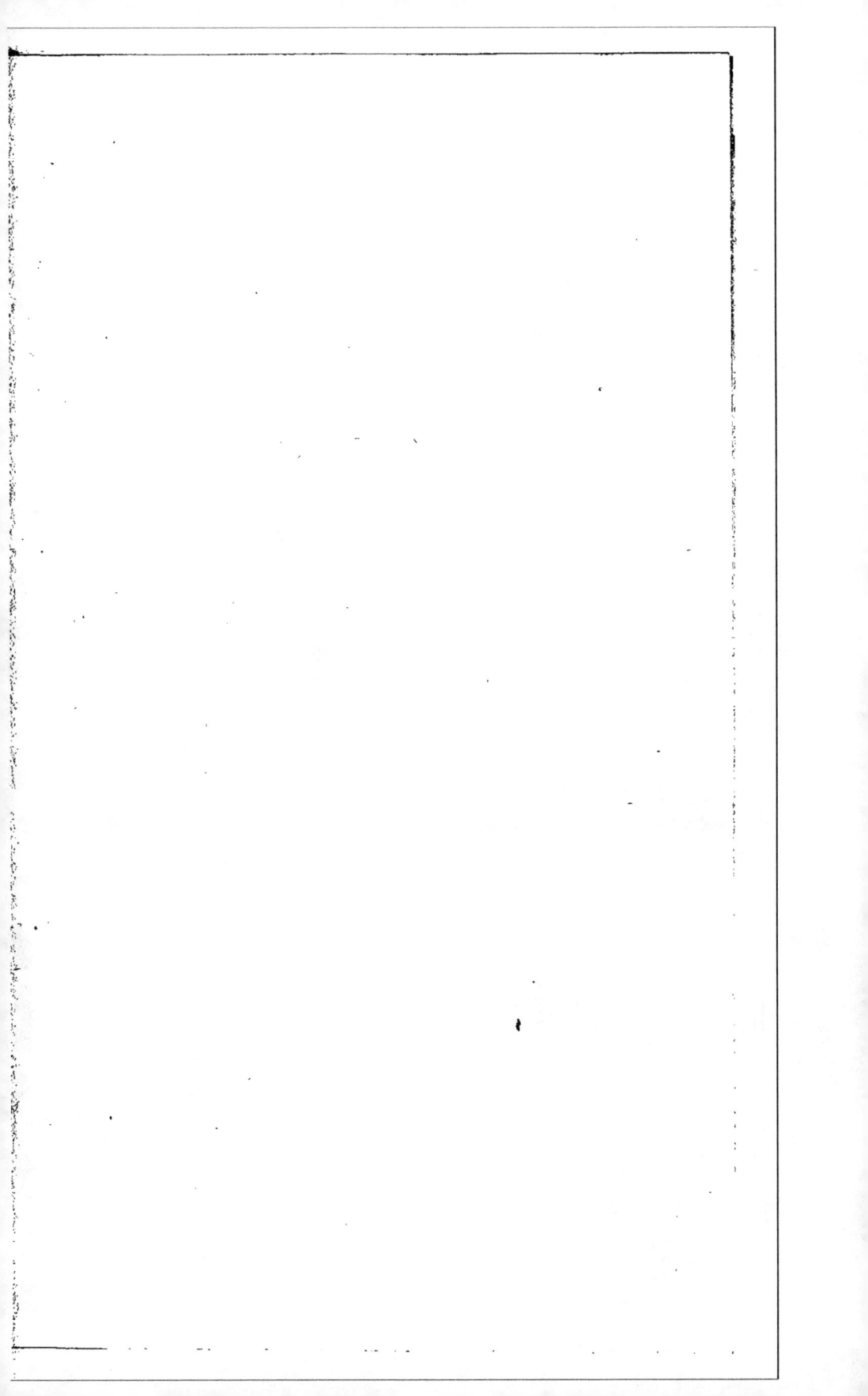

V

31840

MÉMOIRE

SUR L'EMPLOI

DES MACHINES A VAPEUR

POUR

LES MANOEUVRES D'EAU

ET LES TRAVAUX DES PLACES.

MÉMOIRE

SUR L'EMPLOI

DES MACHINES A VAPEUR

POUR

LES MANOEUVRES D'EAU

ET LES TRAVAUX DES PLACES.

PAR

M. BELMAS,

CAPITAINE AU CORPS ROYAL DU GÉNIE,
AIDE-DE-CAMP DE M. LE LIEUTENANT GÉNÉRAL VICOMTE ROGNIAT.

Paris,

IMPRIMERIE DE FAIN, RUE RACINE, N°. 4.

1829.

MÉMOIRE

SUR L'EMPLOI

DES MACHINES A VAPEUR

POUR

LES MANOEUVRES D'EAU

ET LES TRAVAUX DES PLACES.

Par M. BELMAS, Capitaine du Génie; Aide-de-Camp
de M. le Lieutenant-Général ROGNIAT.

———◦◦◦———

ON sait que la fortification emprunte des eaux
ses moyens les plus puissans de résistance; en barrant une rivière, un ruisseau, tantôt on forme une
inondation qui rend inaccessible un ou plusieurs
fronts, on se couvre d'un terrain marécageux et
imbibé d'eau au travers duquel l'ennemi ne peut
conduire ses travaux d'attaque qu'avec de grandes
difficultés et une extrême lenteur; tantôt on pra-
tique dans les bas-fonds des flaques à l'abri des-
quelles on place des ouvrages avancés destinés à

1

prendre des revers avantageux sur les points d'attaque ; tantôt, à l'aide de portes tournantes, on se ménage le moyen de lâcher tout-à-coup une grande masse d'eau dans les fossés, torrent momentané qui entraîne les travaux de l'ennemi et oppose au passage du fossé un obstacle presque insurmontable : quelquefois enfin on supplée aux revêtemens par des fossés pleins d'eau ; et, lors même qu'un ouvrage est revêtu, si on peut remplir son fossé d'eau à la dernière période du siége, on en retarde la prise de plusieurs jours (1).

Malheureusement l'emploi des eaux comme moyen de défense a été jusqu'à présent fort borné ; on s'est contenté de faire usage de la pente naturelle des eaux, au moyen d'un barrage, pour former des inondations et remplir des fossés dans quelques terrains bas et marécageux, et l'on a trouvé impossible de se servir de ce puissant moyen sur les points bien plus nombreux qui sont élevés au-dessus du ni-

---

(1) Ce n'est qu'avec la plus grande difficulté que l'on parvient à passer un fossé plein d'eau, s'il est bien défendu ; et cet obstacle serait presque infranchissable si les défenseurs pouvaient conserver jusqu'au dernier moment quelques pièces d'artillerie qui eussent action sur les travaux. Plusieurs essais tentés à ce sujet, ces dernières années, dans les écoles du génie, ont confirmé dans l'idée que l'on avait déjà de la valeur de ce genre d'obstacle. Les fossés pleins d'eau ont cependant l'inconvénient de rendre très-difficiles les communications du corps de place aux ouvrages extérieurs ; c'est pourquoi les fossés secs, ou pleins d'eau à volonté, sont regardés comme les meilleurs.

veau des eaux. L'établissement d'un barrage sur un cours d'eau est d'ailleurs une opération difficile, très-hasardeuse et souvent même impraticable ; ainsi on ne tenterait point de barrer un fleuve large et profond, une rivière torrentueuse, sujette à des crues subites, d'un fond vaseux ou de sable mouvant : un barrage serait de nul effet sur un ruisseau trop encaissé, ou dont le débit ne suffirait pas à la dépense d'un bassin d'une trop grande étendue ; il ne pourrait également servir à élever les eaux de la mer au-dessus de leur niveau : enfin lors même que la construction du barrage serait possible, il faudrait le soustraire aux attaques de l'ennemi, condition qui en restreint encore l'emploi.

Il résulte de là que les manœuvres d'eau, quoique considérées avec raison comme un des meilleurs moyens de défense des places (1), ne peuvent être

---

(1) « On sait, dit Carnot en parlant des manœuvres d'eau, que » souvent elles procurent des moyens de défense supérieurs à tous » ceux que l'on pourrait tirer de la plus grande perfection dans » le système de fortifications proprement dites ; c'est la partie scien- » tifique de l'art de l'ingénieur. »

« L'ingénieur, dit Bousmard, qui aura pu faire servir les ma- » nœuvres d'eau à la défense d'une place, pourra se flatter » d'avoir procuré à cette place le moyen non-seulement le plus » sûr, et peut-être le plus puissant d'ajouter à sa force ; mais » encore celui de tous qui bien certainement économise le plus » la dépense et les hommes. »

« Ce qui intéresse dans les manœuvres d'eau, dit Darçon, » c'est la propriété dont elles jouissent d'éloigner et de retarder

1.

employées qu'assez rarement, avec le concours de
plusieurs circonstances favorables, et que, dans
la plupart des places, la masse d'eau qui les baigne,
souvent considérable et capable des plus grands
effets, se trouve entièrement perdue pour la défense.

Avec plus d'industrie on peut en profiter; par
elle ces masses d'eau peuvent être soulevées à toute
hauteur et être déversées sur le terrain des attaques pour y former des inondations, des flaques,
remplir des fossés, donner des chasses, etc.; elles
peuvent aussi être projetées sur tous les points où
une pente continue les empêcherait d'atteindre, et
servir alors à noyer les travaux d'attaque tels que
tranchées, batteries, entonnoirs de mine; et que
pourrait tenter l'assiégeant sous l'action de masses
d'eau considérables ainsi mises en jeu contre lui? Ce
n'est qu'en remuant de la terre qu'il peut approcher
de la place pour forcer les défenseurs, et ce seul
bouclier lui est enlevé dès qu'il veut s'en couvrir.

L'industrie crée les places, c'est elle aussi qui les
défend; elle seule permet de résoudre ce problême
si important, *défendre les places avec le moins
d'hommes possible, afin de ne pas affaiblir les ar-*

» les progrès des attaques par des procédés conservateurs; car il
» n'en coûte personne pour faire abandonner par une inondation
» telle attaque qui de part et d'autre aurait coûté peut-être quinze
» mille hommes, en efforts meurtriers et souvent infructueux. »

mées actives seules capables de porter des coups décisifs. Attachons-nous donc à perfectionner cette industrie ; donnons-lui plus d'essor, agrandissons ses moyens. Jusqu'ici elle est restée à peu près la même pour la défense comme pour l'attaque ; mêmes armes, mêmes moyens de se couvrir, mêmes genres de chicanes dans les deux cas, et aucune machine de guerre, aucun moyen particulier de résistance n'a pu encore résulter exclusivement pour les défenseurs de la position fixe et stable qu'ils occupent, et préparée si long-temps à l'avance ; l'art des mines, qui semblait d'abord être tout entier pour eux, s'est ensuite tourné contre, depuis la découverte du globe de compression ; enfin le tir à ricochet est tout entier à l'avantage des attaquans.

Il n'en est pas de même des manœuvres d'eau ; les travaux qu'il faut développer pour les obtenir, les mettent au-dessus des efforts que peut tenter l'assiégeant ; et, de quel secours lui seraient-elles d'ailleurs contre des remparts solides que le canon et la mine peuvent seuls ébranler ? Cette arme si efficace pour la défense a donc l'avantage de ne pouvoir tourner contre elle en devenant utile aussi à l'attaque, elle est d'ailleurs capable des effets les plus grands et les plus décisifs ; profitons donc de circonstances aussi favorables ; que dans toutes les places où il se trouve des eaux, elles soient utilisées avec toute leur puissance, et elles deviendront pour les défenseurs le meilleur auxiliaire qu'ils puissent avoir.

Mais ce serait trop peu d'indiquer de quelles ressources peuvent être les eaux pour la défense des
places, si nous n'avions cherché surtout à assurer
les moyens de les mettre en jeu ; c'est là que réside la
difficulté, c'est de là aussi que dépend tout le succès :
quelque grande en effet que puisse paraître une idée
au premier abord, s'il n'existe aucun moyen de la
mettre à exécution, ou si même les moyens existans
ne sont ni suffisans ni convenables, cette idée ne serait plus qu'un rêve inutile.

Tel est à peu près le sort de celle qui nous occupe :
les avantages qui peuvent résulter de l'action des
eaux se présentent en effet trop naturellement à
l'esprit pour qu'ils n'aient pas encore été entrevus.
En 1743, M. de Commeaux, ancien capitaine de
cavalerie, dans un mémoire sur la défense des places
adressé au marquis d'Argenson, ministre de la
guerre, indiqua l'usage des pompes à incendie pour
lancer de l'eau sur les têtes de sape, et dans les
tranchées de l'assiégeant, afin d'empêcher ses cheminemens et lui interdire l'usage de ses armes : il
pensait aussi que ce même moyen serait encore très-
efficace pour entraîner les terres des brèches au moment d'un assaut, et faire sous les pas des assaillans
un cloaque infranchissable.

En 1784, M de la Jomarière, capitaine du génie,
eut la même idée ; il voulut aussi par les mêmes
moyens, imbiber tellement les terres des glacis, en
faisant circuler l'eau dans une foule de conduits en
poterie, divisés par rayons au-dessous de la surface

du sol, que l'ennemi ne pût creuser ses tranchées sans trouver une boue liquide dont il ne pourrait former ses parapets. Des expériences eurent lieu à Strasbourg sur ces diverses manières d'employer l'eau, et elles ne furent pas sans succès ; mais la faiblesse des moyens employés les fit tomber dans le ridicule ; quelques plaisanteries prévalurent, et le germe d'une idée qui pouvait devenir féconde pour la défense se trouva ainsi étouffé.

Plusieurs ingénieurs cependant en furent frappés ; Darçon, sans adopter la projection de l'eau sur les tranchées, estimant que pour la défense d'un front il faudrait 100 pompes et plus de 1500 hommes, crut cependant qu'il y aurait quelque avantage à employer l'eau par expansion sur les glacis ; il proposa de l'élever d'abord dans un château d'eau par des machines hydrauliques, telles que des norias mues par un tournant de moulin ou un manège, de la conduire de là par des tuyaux en fonte dans une rigole magistrale sur la crête du chemin couvert, et de la déverser ensuite par une multitude de petits canaux d'irrigation sur le terrain des attaques, de manière à imbiber tellement le terrain qu'il fût impossible à l'ennemi d'y ouvrir des tranchées. Il indiqua même pour cet usage l'emploi des machines à vapeur ; mais la machine de Chaillot qu'on venait de construire, était alors le chef-d'œuvre de la mécanique ; or il suffit d'éprouver les secousses terribles de cette machine, d'apprécier son volume immense et la complication de ses pièces pour renoncer à

toute application qu'on voudrait en faire à la défense des places. Que d'inconvéniens d'ailleurs d'élever un château d'eau au centre d'une place, en
prise à tous les projectiles de l'ennemi ; quel développement immense de tuyaux de conduite pour
puiser l'eau et la distribuer ensuite sur tous les
points ; que de travaux pour placer tous ces tuyaux
à travers les massifs des maisons de la ville, et surmonter tous les autres obstacles que l'on pourrait
rencontrer !... (1)

Carnot pensait aussi qu'on pouvait retirer quelque
avantage du jet des eaux contre les travaux d'attaque, et il rappelle, dans son ouvrage sur la défense

---

(1) Le même château d'eau devait encore alimenter les fon-
taines de la ville, et faire mouvoir des moulins pour les besoins
de la garnison et des habitans.

« On a employé, dit Darçon, la pompe à feu à former des ma-
» gasins d'eau élevés, d'où l'on s'est procuré les chutes néces-
» saires au mouvement de plusieurs tournans de moulins.

» Cette opération a été exécutée à Nîmes, et a eu tout le succès
» qu'on avait lieu d'en attendre. Je vois d'après le calcul des pro-
» duits qu'en élevant le château d'eau à la hauteur médiocre de
» 40 pieds, on aurait un débit de 4 pieds cubes d'eau par se-
» conde; ainsi en employant des roues à godets, au lieu des roues
» à aubes, pour économiser la consommation de l'eau, et réser-
» vant d'ailleurs 10 pieds de chute pour chaque tournant, on
» pourrait établir 4 coursiers à 4 étages de tournans chacun, ce
» qui ferait 16 tournans mis en mouvement par une seule pompe
» à feu, et sans aucun chômage. »

Ce projet peut donner une idée de l'état d'imperfection où se
trouvait encore la mécanique du temps de Darçon.

des places, les expériences faites à Strasbourg par M. de la Jomarière, avec une pompe à incendie.

« Ces expériences, dit-il, ont parfaitement réussi, » à la grande confusion des faiseurs de sarcasmes. » Les sapeurs ne purent jamais remplir leurs ga- » bions; la terre fut dans l'instant convertie en boue » liquide qu'ils délayaient avec leurs pieds, et dont » il leur fut impossible de faire un épaulement. Ce- » pendant on n'a pas donné suite à ce résultat; ce » qui prouve qu'il ne suffit pas toujours d'avoir pour » soi l'expérience, la raison et même l'intérêt de l'é- » tat; la force de l'inertie l'emporte sur tout cela. » Peut-être, dans un siècle ou deux, une circon- » stance extraordinaire fera-t-elle apercevoir que » cette idée pouvait servir à quelque chose. »

Enfin, en 1813, Napoléon même, prévoyant l'utilité qu'on pouvait retirer des machines à vapeur pour remplir d'eau les fossés d'une place, et former des inondations., prescrivit dans une note au colonel du génie Bernard, son aide-de-camp, de consulter le comité des fortifications sur cette question : il supposait qu'il existait des machines à vapeur mobiles, et insistait sur leur utilité. Cette idée était prématurée : l'ancienne et lourde machine de Watt était encore le type des machines à vapeur en France. M. le lieutenant-colonel du génie Allent, dans un projet de rapport préparé pour être soumis au comité, proposa de faire quelques expériences avec une machine semblable, en écartant d'ailleurs l'idée des machines mobiles comme inexécutables par la construction fixe et stable du fourneau et de la cheminée, le poids de la chaudière, du cylindre, et de toutes les autres pièces accessoires : il n'existait que quelques petites machines de la force de trois ou quatre hommes, que leur exiguïté permettait de déplacer, et on les considérait plutôt comme des modèles que comme des machines susceptibles d'être employées avec avantage. Les événemens de 1814 firent oublier cette affaire.

Au degré de perfection où est arrivée la mécanique, ce qu'on regardait autrefois comme impossible peut facilement se réaliser maintenant. Les machines à vapeur, extrêmement améliorées dans ces derniers temps, sont devenues le moteur universel susceptible d'être appliqué à tous les usages, à tous les besoins : elles présentent aujourd'hui de si grandes ressources pour la défense des places en particulier, qu'il serait impardonnable de ne pas en profiter. Il n'y a jamais assez de bras dans une place au moment d'un siége ; c'est un moyen admirable d'y suppléer.

Mais pour mieux faire connaître toutes les ressources qu'offrent maintenant les machines à vapeur, jetons un coup d'œil rapide sur les principaux perfectionnemens qu'elles ont déjà éprouvés.

C'est de 1699 que datent les premiers services utiles qu'on ait retirés de l'emploi de la vapeur comme force motrice (1). Le capitaine anglais Sa-

---

(1) Salomon de Caus en 1615, et Papin en 1690, avaient déjà fait connaître les moyens d'employer la vapeur comme force motrice.

very fit connaître à cette époque une machine propre à élever de l'eau, dans laquelle la vapeur, produisant le vide dans un récipient par une injection d'eau froide, et agissant ensuite par sa force élastique, faisait monter l'eau d'un puits dans un réservoir supérieur. L'usage de cette machine se répandit bientôt en Angleterre; mais la condensation rapide qui a lieu lorsque la vapeur douée d'une grande force élastique est mise en contact immédiat avec de l'eau froide, était un obstacle insurmontable pour élever l'eau, au moyen de cette machine, à plus de 90 pieds de hauteur.

En 1705, Newcomen, par l'addition d'un piston, parvint à résoudre cette difficulté. Dans sa machine, la vapeur était employée d'abord à faire monter le piston dans un corps de pompe; en faisant le vide au-dessous par une injection d'eau froide, la pression de l'air le faisait ensuite descendre. On obtint ainsi un mouvement alternatif qu'on put transmettre au moyen d'un balancier, ou levier mouvant sur son centre, à des pompes à eau, ou pour exécuter toute autre espèce de travail. Cette machine, dite *atmosphérique*, parce que la vapeur n'était employée que comme intermédiaire pour faire le vide, et mettre en jeu la pression de l'atmosphère, parut au moment où l'exploitation de presque toutes les mines de l'Angleterre allait s'arrêter à défaut de machines plus puissantes; aussi son usage devint-il bientôt général et rendit les plus grands services. Mais cette machine, comme celle de Savery, exigeait la présence d'un ouvrier pour ouvrir et fermer les robinets d'admission de la vapeur et de l'eau de condensation. En 1717, Brighton inventa le *régulateur,* qui, étant mis en mouvement par le balancier, suppléait à la main de l'homme. D'autres améliorations succédèrent à celle-là : Smeaton surtout porta peut-être cette machine au plus haut degré de perfection dont son principe était susceptible.

Dès l'année 1764, Watt avait commencé ses premiers essais pour le perfectionnement des machines à vapeur. Il employa la vapeur directement sans l'atmosphère, et eut l'heureuse idée d'opérer la condensation hors du cylindre moteur : il évita ainsi la perte de vapeur causée par le refroidissement de ce cylindre, qui était trois à quatre fois plus grande que celle employée comme force motrice. Plusieurs machines construites sur ce principe réussirent très-bien ; mais il eut surtout le bonheur de rencontrer, pour le seconder, un mécanicien remarquable, Boulton, avec lequel il s'associa, et qui ne contribua pas peu au succès qu'obtinrent par la suite ses machines.

C'est dans ce premier état que se trouvait la machine de Watt, lorsqu'en 1780 M. Perrier l'importa en France, où la machine de Newcomen, telle qu'elle est décrite par Bélidor, était encore ce qu'on connaissait de plus parfait. Il fit exécuter sur le nouveau principe les machines actuelles de Chaillot et du Gros-Caillou, et plusieurs autres pour les mines d'Anzin.

Cependant Watt continuait ses améliorations. En 1781 et 1782, il appliqua à la machine à vapeur l'usage du volant qui, au moyen de la bielle, transforme par un mécanisme aussi simple qu'ingénieux le mouvement de va et vient du piston moteur et du balancier, en mouvement circulaire continu; il rendit ainsi la machine à vapeur applicable aux moulins, aux usines et aux manufactures (1).

---

(1) La première application que Watt fit de ses machines fut dans la brasserie de Wedbreg de Londres, pour remplacer un manége destiné à monter de l'eau. Le brasseur voulut que la machine à vapeur produisît le même effet que ses chevaux; et, pour ne pas être trompé, il proposa à Watt de faire travailler un cheval pendant une journée entière, d'évaluer la quantité d'eau élevée à la fin de cette journée et de baser la force du cheval de vapeur sur ce produit. L'expérience fut convenue, le brasseur prit alors son meilleur cheval, et les chevaux de brasseur, surtout à Londres, sont renommés pour leur force, il le fit travailler huit heures, en n'épargnant pas les coups de fouet pour avoir un bon produit, s'embarrassant peu que son cheval pût soutenir plusieurs jours de suite un tel travail. Ce produit, mesuré et réduit à l'unité de poids et de hauteur, se trouva être, en mesures françaises, de 2120 mètres cubes à un mètre de haut, ce qui revient à 265 mètres cubes à la même hauteur dans une heure, ou à 28.000 livres ou 400 pieds cubes d'eau à 1 pied de haut dans une minute Or d'après des expériences authentiques, faites postérieurement en France aux mines d'Anzin, sur le travail de 250 chevaux employés pendant un an à faire mouvoir une machine à molette très-simple, on a trouvé que le travail effectif d'un cheval ordinaire, pendant huit heures, ou sa journée entière, n'était que de 800 mètres cubes élevés à 1 mètre de haut, résultat près de trois fois moindre que le précédent Cependant Watt, plein de confiance dans sa machine, et

Il inventa ensuite le double effet, qui permit de supprimer le contrepoids qu'on était obligé d'apposer au piston moteur pour le jeu du volant, et diminua ainsi les masses à mouvoir dont on ne saurait trop réduire la quantité dans les machines à mouvement alternatif. Les chaudières purent être moins grandes, l'émission de la vapeur étant continue. Les dimensions du piston à vapeur et de toutes les pièces de la machine se trouvèrent réduites de moitié. Quelques années après, il appliqua ces perfectionnemens aux fameux moulins d'Albion à Londres, sur la Tamise, et c'est de ce moment que date la prospérité de l'industrie anglaise. Vers la même époque, trouvant que les doubles chaînes tangentes à l'arc décrit par le balancier, ou le mouvement d'un râteau qui engraine un arc de cercle denté, étaient peu convenables pour conserver au piston moteur un mouvement toujours vertical, il imagina et appliqua le procédé qu'on a désigné depuis sous le nom de *parallélogramme*, l'une des inventions les plus ingénieuses et les plus remarquables qui aient jamais paru en mécanique.

---

prévoyant les bénéfices énormes qu'il pouvait en retirer, se soumit à cette condition, quelque dure qu'elle fût, et c'est sur ce taux qu'est restée basée depuis la force du cheval de vapeur; aussi n'a-t-on pas eu de peine en Angleterre à remplacer les chevaux vivans par des chevaux de vapeur.

La machine qui a servi à l'expérience de Watt existe encore, on la respecte, elle porte un écriteau qui indique son origine.

Pendant que Watt parcourait avec succès la brillante carrière qu'il s'était ouverte, nous restions à peu près stationnaires au point d'où il était parti. Nous n'eûmes connaissance de ses perfectionnemens que sur de simples indications : en 1788, M. de Bettancourt, visitant l'Angleterre, devina le mécanisme du double effet, et quelques-unes des autres idées de Watt, en voyant jouer ses machines, quoiqu'on lui eût caché les détails intérieurs; et c'est d'après ce qu'il put recueillir ainsi, que M. Perrier fit exécuter une machine à double effet pour faire mouvoir des moulins à blé établis dans l'île des Cygnes. Cette tentative, qui promettait d'abord quelques chances de succès, échoua complètement, quoique, reprise presque partout ces dernières années, elle ait offert les plus grands avantages.

Nous restâmes long-temps en arrière : en 1802, l'Américain Fulton, voulant appliquer la vapeur à la navigation, vint à Paris dans l'espoir de faire adopter son projet pour la flottille qu'on préparait pour tenter une descente en Angleterre. Il fit quelques essais; mais n'ayant trouvé en France ni machines, ni ressources d'aucun genre pour l'exécution de ses idées, elles furent regardées comme chimériques, et on les repoussa : Fulton tourna alors ses vues vers sa jeune patrie; il passa en Angleterre, où il fit exécuter par Watt et Boulton une machine à vapeur de vingt chevaux, la fit transporter en Amérique, et l'établit sur le premier bateau à vapeur qu'il construisit à New-York en 1807. Ses succès surpassèrent les espérances les plus hardies, et c'est de ce moment que date la naissance du nouveau système de navigation dont nous commençons, seulement depuis un petit nombre d'années, à profiter.

En 1811, l'ancienne machine de Marly tombait de vétusté; M. Perrier proposa de la remplacer par une machine à vapeur, en creusant dans le flanc de la montagne de Marly une galerie horizontale dirigée vers la Seine, et terminée à son extrémité par un puits vertical, afin que la machine placée au sommet de ce puits pût en extraire l'eau, comme dans les mines, au moyen d'un équipage de pompes mises en mouvement par une tringle verticale fixée à l'extrémité du balancier de la machine. Ce projet gigantesque était estimé 6 à 7 millions, et demandait cinq années de travaux. Il fut approuvé, et reçut même un commencement d'exécution : heureusement que plusieurs difficultés provenant de la mauvaise qualité du sol le firent abandonner, et maintenant une machine à vapeur de Watt, dernier système, d'une force de soixante chevaux, établie au bord même de la rivière, fait arriver l'eau d'un seul jet jusqu'au sommet de la montagne, dans une conduite placée à la surface du sol.

Enfin, jusqu'à l'époque de la restauration, nous ne connûmes bien que l'ancienne et lourde machine de Watt, et c'était encore la seule que décrivait M. Hachette dans son Traité de Machines de 1811 (1).

_____

(1) • Quelque imparfait que fût cet ouvrage, dit l'avant-propos

Elle rendit cependant les plus grands services dans les mines d'Anzin, pour monter l'eau et le charbon, et remplacer un nombre considérable de chevaux employés d'abord à ce travail. On s'en servit aussi dans quelques usines, et pour les épuisemens dans les grands travaux des ports de Cherbourg, de Flessingue, et des fortifications de Wesel.

Si malgré ces applications les machines à vapeur sont restées chez nous si long-temps imparfaites, rendons cependant hommage à l'activité et au zèle de M. Perrier : ce fut lui qui créa en France cette branche d'industrie ; avant lui il n'existait que quelques anciennes machines de Newcomen importées d'Angleterre, et sans aucun moyen d'en construire d'autres. Non-seulement il fit connaître les premières machines de Watt, mais il apporta d'Angleterre tous les moyens de les exécuter. Il ne trouva en France aucune fonderie pour couler les cylindres ; la construction des fourneaux à réverbère, qui permettent de couler de grandes pièces, et l'art de mouler en sable d'étuve, y étaient inconnus ; aucune machine à aléser les cylindres, aucun tour n'existaient : il

---

» de la nouvelle édition de 1819, il eut au moins le mérite de
» fixer l'attention des personnes chargées d'exécuter ou de diriger
» les machines, *et de répandre en France le goût d'une science qui*
» *n'était alors cultivée que chez nos voisins.* »

Au lieu de ce seul ouvrage, ce serait peut-être trop peu d'en compter maintenant une douzaine qui traitent spécialement des machines à vapeur.

2.

fut obligé de tout créer. C'est lui qui fut le fonda-
teur des belles fonderies de Chaillot, d'Indret, de
Liége, et enfin ce n'est que par ses soins qu'on com-
mença à pouvoir exécuter en France les grandes machines avec quelque précision.

Pendant que nous luttions contre tant de difficultés, nos voisins marchaient à pas de géant dans
l'art des machines. On simplifia le jeu du régulateur, dont le mécanisme était composé d'une multitude de leviers qui réagissaient les uns sur les autres
avec un bruit épouvantable. Les énormes balanciers
en charpente des premières machines furent rem-
placés par des balanciers en fonte, ce qui permit de
réduire beaucoup le volume du mécanisme, et de
lui donner une simplicité et une précision jusque-là
inconnues. Enfin, tout le mécanisme fut tellement
perfectionné, et exécuté avec une telle précision,
que les machines de la plus grande force ne faisaient
pas plus de bruit qu'une horloge.

Trevithick et Olivier Evans, aux États-Unis,
eurent l'idée des machines à vapeur à haute pression, et commencèrent à en répandre l'usage.

Woolf employa la détente de la vapeur, découverte
par Watt, et fit adopter les machines à expansion
à double cylindre; il perfectionna beaucoup les
chaudières, auxquelles il ajouta les *bouilleurs*.

A ces améliorations en succédèrent d'autres non
moins remarquables : on substitua au régulateur à
soupape des appareils moins compliqués, tels que le
tiroir de Murray, le robinet à deux eaux de Munds-

lay, le piston distributeur de Taylor. On inventa les pistons métalliques; on fit des machines à vapeur sans balancier, à rotation immédiate; d'autres à cylindres horizontaux, à cylindres oscillans, etc. Par toutes ces améliorations, les machines à vapeur devinrent susceptibles d'une foule d'applications différentes : elles furent employées dans les exploitations de mines pour extraire l'eau et le minerai à des profondeurs inconnues jusqu'alors; elles servirent à faire mouvoir les souffleries, les scieries, les gros marteaux. On les employa à creuser les ports, les rivières, les canaux, à faire mouvoir les vaisseaux (1), à écraser les grains, ourdir les tissus. On les appliqua au battage des monnaies, à l'imprimerie, à l'agriculture pour le broiement des os servant d'engrais, au jeu des pompes pneumatiques pour la fabrication du sucre; enfin à tous les besoins qui exigeaient l'emploi d'une certaine force, et rien ne parut difficile aux Anglais avec un tel moteur qu'ils étaient parvenus à si bien gouverner (2).

---

(1) Ce fut en 1812 que les Anglais, à l'exemple des Américains, construisirent les premiers bateaux à vapeur; l'année suivante, des corsaires français prirent un de ces bateaux, sur lequel était montée une machine à haute pression de Trevithick, mais on ne sut pas en profiter; cette machine fut long-temps abandonnée dans l'un des ports de la Manche, et ensuite envoyée à la fonderie de Chaillot où elle fut démolie en 1825.

(2) Les perfectionnemens apportés aux machines à vapeur se sont fait sentir dans toutes les parties de la mécanique, et ont donné à cette science une impulsion qui la rend aujourd'hui ca-

Cependant, jusqu'à l'époque de la restauration, ces trésors d'industrie nous étaient restés cachés, ou ne nous étaient parvenus que par les annonces des brevets d'invention, ou des descriptions de journaux, trop incomplètes pour qu'on pût s'y fier (1).

---

pable des effets les plus étonnans ; il suffit pour s'en convaincre de visiter quelques manufactures, on y verra les travaux les plus minutieux, les plus délicats, exécutés par les machines avec une précision et une adresse inconcevables. L'emploi du vent et de l'eau comme moteurs a été aussi beaucoup amélioré ; on admire maintenant en Flandre les beaux moulins à vent construits en fonte, pour écraser les plantes oléagineuses ; ceux dits à l'anglaise pour la mouture des grains ; les roues hydrauliques en fer, et mille autres inventions, parmi lesquelles on doit surtout distinguer les nouvelles machines à colonne d'eau de M. Reichembach ; l'emploi qu'on en a fait dans les machines de Reichenhal en Bavière, mérite d'être cité ; ces machines tirent l'eau des puits salés et la conduisent jusqu'à Rosenheim, où le combustible est assez abondant pour faire l'évaporation : la distance à parcourir est de 21 lieues, à travers de hautes montagnes ; onze machines distribuées en autant de relais sur cette distance, reprennent l'eau de l'une à l'autre, et la conduisent jusqu'au point d'arrivée. Dans ce trajet, l'eau est élevée quelquefois d'un seul jet jusqu'à une hauteur de 400 pieds au-dessus du point d'où elle est puisée. Les torrens qui font mouvoir ces machines ont dans ces pays de montagnes jusqu'à 140 pieds de chute, et agissent sur un piston à la manière de la vapeur.

(1) « C'est en vain, disait M. Gengembre à la société d'encouragement, qu'on tenterait l'usage des machines dont ce peuple jaloux de son industrie publie les descriptions ; les parties essentielles du mécanisme y sont toujours tronquées, et il serait impossible de construire d'après les gravures qui les accompagnent. »

Enfin, en 1814, à la libre communication des deux pays, nous pûmes mesurer toute l'étendue de la carrière parcourue par nos voisins ; nos savans, nos artistes, nos manufacturiers, coururent en foule admirer ce spectacle ; les journaux retentirent des merveilles opérées par les machines à vapeur (1) ; l'impulsion fut donnée en France à l'industrie, et tous les jours encore se forment des entreprises de tout genre, basées sur l'emploi des machines à vapeur. Les premières machines nous vinrent d'Angleterre ; d'autres furent construites en France par des mécaniciens anglais qui vinrent s'y établir ; des Français les imitèrent, et maintenant enfin nous commençons à nous affranchir des secours de l'étranger.

---

(1) Lors de l'érection de la statue de Watt, les ministres anglais ont déclaré au parlement d'Angleterre que cet homme célèbre avait créé assez de richesses pour subvenir aux frais de la guerre continentale, et que ce serait encore lui qui permettrait à l'Angleterre de payer sa dette. On a évalué en effet à 20.000 machines à vapeur d'une force moyenne de 10 chevaux, celles qui sont en activité dans les trois royaumes. Or, en supposant qu'elles ne travaillent que 12 à 15 heures par jour, auquel cas, le cheval de vapeur, au lieu de représenter 9 chevaux vivans, n'en représenterait que 5, les 20.000 machines de 10 chevaux de vapeur équivaudraient donc à un million de chevaux vivans, ou à sept millions d'hommes ; en mettant seulement à quatre francs la journée du cheval ordinaire, pour 300 cents jours de l'année, déduction faite des fêtes, il en résulterait un produit annuel de 1.200 millions, ce qui représente un capital de 24 milliards.

C'est donc aussi le moment de chercher à utiliser les machines à vapeur pour la défense des places. En les employant surtout à élever de l'eau, suivant leur première destination, elles offrent les plus grandes ressources ; elles ont en effet profité, pour ce seul usage, de toutes les améliorations résultant des nombreuses applications qui en ont été faites. Pour les apprécier, il suffit de jeter les yeux sur le tableau suivant, où sont comparés les effets dont 1 $^{kilog.}$ de charbon est devenu successivement capable pour élever un certain volume d'eau (1).

_____

(1) Les principales données de ce tableau sont extraites des rapports mensuels publiés en Angleterre, sur le travail des machines du comté de Cornouailles qui sont les plus renommées. Une espèce de lutte s'établit dans ce pays entre les propriétaires des machines ; des commissaires sont nommés de part et d'autre, pour connaître celles qui donnent le meilleur produit ; des prix sont ensuite distribués au vainqueur. Le parlement d'Angleterre prend lui-même beaucoup d'intérêt à ces questions.

Tableau comparatif de l'effet des machines à vapeur depuis leur origine.

DÉSIGNATION DES MACHINES.	VOLUME D'EAU ÉLEVÉ PAR 1 kil. DE CHARBON.	OBSERVATIONS.
Savery........	5 à 7 mètres cubes à 1 mètre de haut	
Newcomen........	18.	
Watt, ancien système telle que celle de Chaillot.........	20 à 22.	
Idem, perfectionnée jusqu'en 1811, pour les petites et moyennes machines........	53 à 67.	
Idem, en 1825, avec détente, et pour les grandes machines...	100 à 115 jusqu'à 162.	
Woolf, à double cylindre, pour la détente, dans l'état actuel, pour les petites et moyennes machines........	73.	
Idem, pour les grandes.........	160 et jusqu'à 195.	
Watt, avec de nouveaux perfectionnemens et une très-grande détente, dans l'état actuel, pour les grandes machines........	267 à 280.	La machine à vapeur le Wilson a même dépassé ces résultats en élevant jusqu'à 298 mètres cubes.

On sera sans doute frappé de cette amélioration progressive des machines à vapeur ; les résultats qu'elles présentent maintenant sont tels, que dans beaucoup de localités, on peut substituer avec avantage les machines à vapeur, pour élever de l'eau, aux barrages, aquéducs, et dérivations employées jusqu'ici pour alimenter les canaux de navigation et fournir aux besoins des villes les plus considérables (1).

---

(1) La seule ville de Londres renferme maintenant 17 machines à vapeur, d'une force totale d'environ 500 chevaux, qui élèvent l'eau nécessaire à cette capitale, aux besoins de laquelle la dérivation de la Lea, exécutée long-temps avant la découverte des machines à vapeur, ne pouvait suffire : dans le même pays, plusieurs canaux, entre autres celui de Birmingham, sont alimentés par le même moyen. Au canal d'Antoing, en Belgique, près de Condé, une machine à vapeur de 60 chevaux élève l'eau de la Haine à une hauteur de 10 mètres jusqu'au point de partage, et fournit ainsi à la dépense de ce canal.

En France, M. Minard, ingénieur en chef des ponts et chaussées, a prouvé que le canal de Saint-Quentin qui chôme les trois quarts de l'année, n'étant alimenté que par l'Escaut, au moyen d'une rigole de six lieues, d'un point où cette rivière ne fournit pas assez d'eau, pourrait être sauvé d'une perte totale par une machine de 12 chevaux, placée à Bonavis, où l'Escaut commence à être assez abondant.

M. Clément-Désormes, en supposant seulement 100 mètres cubes d'eau élevés à un mètre de haut par 1 kil. de charbon, a calculé qu'au lieu de construire le canal de l'Ourcq, de vingt-cinq lieues de long et qui a coûté plus de vingt-cinq millions, pour alimenter le bassin de la Villette, point de partage des canaux Saint-Denis et Saint-Martin, il y aurait une économie de 43 p. $\frac{2}{9}$ à élever directement l'eau de la Seine par des machines

C'est avec de tels moyens que nous voulons mettre l'eau en jeu dans la défense des places ; mais il est temps d'entrer dans le détail de nos idées sur ce sujet.

§ Ier.

PROJET D'UNE MACHINE A VAPEUR MILITAIRE.

Les machines à vapeur, telles qu'elles sont en usage dans les manufactures et les usines, sont presque immobiles ; il faut plus d'un mois pour les changer de place ; or les besoins de la défense peuvent exiger leur prompt déplacement pour les faire agir, tantôt sur un point, tantôt sur un autre. Le front d'attaque d'une place est en effet rarement prévu à l'avance, et la marche de l'ennemi peut être assez rapide pour que les machines à vapeur ne puissent être prêtes à fonctionner au moment convenable et pendant un temps suffisamment long : quelquefois les eaux seront fort éloignées du point où elles devront être mises en jeu ; et, avant de les

---

à vapeur. Le même canal doit encore fournir des eaux à Paris et faire mouvoir 22 usines à l'endroit des chutes ; mais les machines à vapeur satisferaient à tous ces besoins, le prix du pouce d'eau distribué dans Paris serait moitié moindre, et le cheval de vapeur coûterait quatre fois moins que le cheval d'eau.

Les exploitations des mines présentent en réalité des applications plus grandes encore des machines à vapeur.

opposer directement à l'ennemi, on peut avoir besoin de les élever d'abord, au moyen des machines
à vapeur, dans quelques parties des fossés ou plis
de terrain formant réservoirs ; enfin, dans quelques circonstances, les machines à vapeur devront
sortir de l'enceinte même de la place pour tendre
des inondations, remplir les fossés d'une tête de
pont, former des blancs d'eau, ou aller au loin sous
la protection de quelque ouvrage extérieur, puiser
l'eau nécessaire à la défense.

Tous ces résultats ne pourraient évidemment s'obtenir au moyen d'une seule machine fixe établie au
centre d'une place, et destinée à distribuer les eaux
partout où l'on en aurait besoin ; le développement
immense de tuyaux de conduite et les travaux considérables qu'il faudrait faire pour les placer, ren-
draient ce projet inexécutable dans la plupart des
localités. Si d'ailleurs, pour éviter ces inconvéniens, au lieu d'une seule machine fixe on en éta-
blissait plusieurs sur différens points de la place,
on augmenterait beaucoup la dépense, puisque ces
machines, ne pouvant se prêter un mutuel secours,
devraient être d'une force assez grande pour se suffire à elles-mêmes ; il faut encore prévoir le cas
où quelque accident viendrait à suspendre l'action
d'une de ces machines : car si c'était précisément
celle du front d'attaque qui se trouvât arrêtée, la
place serait prise au dépourvu comme si elle n'a-
vait pas une seule machine dont elle puisse disposer.

Si, au contraire, les machines à vapeur sont mobiles, elles viendront se placer au point même où elles devront agir, et un très-petit nombre satisfera à tous les besoins, puisque leur action sur ces différens points pourra être successive ; enfin, s'il arrive un accident à l'une d'elles sur un front important de la place, toutes les autres peuvent accourir aussitôt à son secours. De la même manière, en dirigeant ces machines sur d'autres places menacées d'un siége, on évitera d'en entretenir un nombre trop considérable ; il suffira de prévoir à l'avance les points où il serait utile de les faire jouer, afin d'y construire des voûtes pour les mettre à l'épreuve de la bombe, ainsi que les puisards nécessaires.

La mobilité des machines à vapeur est donc en général une condition essentielle à leur emploi comme machines de guerre ; il faut d'ailleurs chercher à étendre les services qu'elles peuvent rendre, c'est le seul moyen d'en répandre l'usage dans les places ; or si les machines à vapeur sont mobiles, elles peuvent être employées avec un immense avantage dans tous les travaux qui exigent l'emploi d'une certaine force ; tels qu'aux épuisemens, aux déblais et remblais, au débit des bois pour la mise en état de défense des places ; enfin, à la mouture des grains en approvisonnement, opération souvent difficile au moment du siége, et quelquefois inexécutable, s'il n'y a pas de moulins dans la place, et que l'ennemi se soit emparé de ceux situés à l'extérieur.

Indépendamment de leur mobilité, il faut que ces machines soient réduites au plus grand degré de simplicité, qu'elles soient faciles à gouverner et à entretenir; enfin que, sous un petit volume, elles aient une très-grande force, afin de produire plus d'effet, et d'occuper moins de place dans les abris voûtés, et sur le terrain réservé aux autres armes.

Nous avons essayé de résoudre ce problème dans le projet de machine à vapeur indiqué, planche 1. Ce projet est une imitation de la machine locomotive de M. Blenkinsop, qui fut mise en activité pour la première fois en Angleterre, en 1815, sur la route en fer à crémaillère de Middleton à Leeds, pour le transport du charbon de terre; mais dans la nouvelle application que nous voulions en faire, la machine n'ayant pas besoin de se traîner elle-même, nous avons pu n'employer qu'un seul cylindre à vapeur, supprimer tous les engrenages, simplifier beaucoup le mécanisme, et combiner enfin toutes les parties de la manière la plus convenable pour l'objet que nous avions en vue.

Ce projet, présenté en 1825 au ministre de la guerre, a été soumis à une commission spéciale chargée d'en discuter les diverses applications. Sur le rapport favorable qui a été fait de cette machine, S. Exc. en a ordonné la construction.

La machine est à haute pression, et à double effet sans condenseur ; elle est montée sur un chariot avec lequel elle fait système, et peut être traînée par 6 ou 8 chevaux, comme une pièce de 24 ; son poids est d'environ 12.000 livres, sa voie est la même que celle de l'artillerie.

La chaudière renferme le foyer qui sert à la chauffer. Sur le train de derrière se trouvent trois gros cylindres liés entre eux et au chariot d'une manière invariable : celui du milieu sert de cylindre à vapeur ; les deux autres sont des pompes à eau. Ces pompes qui ont le même tuyau d'aspiration communiquent aussi à un même tuyau de fuite sur lequel se trouve un réservoir d'air, situé derrière le cylindre à vapeur, et destiné à régulariser le mouvement de l'eau. La tige du piston à vapeur, et celles des deux corps de pompes sont reliées par une traverse horizontale ou balancier, qui peut monter et descendre librement entre deux guides : la force motrice se trouve ainsi appliquée immédiatement à l'effet utile, avantage inappréciable pour l'économie de cette force. Entre le cylindre à vapeur et la chaudière, se trouvent deux autres petits cylindres, dont l'un sert de pompe alimentaire pour fournir à la dépense d'eau de la chaudière, et l'autre de régulateur pour faire passer alternativement la vapeur au-dessus et au-dessous du piston moteur, et lui donner ensuite une issue dans l'air lorsqu'elle a produit son effet.

Les roues du train de derrière du chariot servent

de volans dans le jeu de la machine, afin de déterminer le retour du piston moteur à chaque extrémité de sa course, et de transformer son mouvement rectiligne en mouvement circulaire, ce qui est nécessaire dans certains cas ; à cet effet, l'essieu peut être rendu mobile sur des tourillons, en même temps que les roues sont fixes sur cet essieu ; tandis que pour la route, au contraire, l'essieu doit être fixe et les roues mobiles ; de simples clefs qu'indiquent le dessin permettent d'effectuer ce changement d'état. En soulevant par un cric l'arrière-train du chariot, on le fait porter sur quelques pièces de bois disposées en chantier ; les grandes roues se trouvant ainsi dégagées peuvent tourner comme volans, au moyen de deux bielles fixées d'une part aux extrémités de la traverse horizontale qui lie les tiges des pistons, et de l'autre à des manivelles emboîtées sur les moyeux des roues. Par cette dispotion, la cheminée est la seule pièce à enlever pour la marche, en sorte qu'en moins d'une heure la machine peut passer de l'état de travail à l'état de route, ou réciproquement.

Les légendes qui accompagnent le dessin font connaître tous les détails du mécanisme : on doit y remarquer particulièrement le robinet à vapeur, placé sur le tuyau qui communique de la chaudière au cylindre à vapeur, et qui sert de gouvernail pour régler la vitesse de la machine, en permettant d'admettre plus ou moins de vapeur.

Cette machine est calculée pour une force de douze

chevaux; une plus grande puissance ne pouvait guère s'obtenir sans sortir des autres conditions que nous nous étions imposées; elle paraîtra encore assez grande, si on se rappelle qu'un cheval de vapeur est capable d'élever 265 mètres cubes d'eau à 1 mètre de haut dans une heure, ou équivaut à peu près à trois chevaux vivans (voyez la note, page 13); d'où il suit que la force de notre machine serait équivalente à celle de trente-six chevaux ordinaires attelés à un manége, et agissant simultanément; or, comme il faudrait trois relais de chevaux vivans si l'on devait travailler jour et nuit, elle serait donc capable de faire l'ouvrage de cent huit chevaux nourris et entretenus. Cette machine ne doit d'ailleurs être considérée que comme une unité de puissance à employer, dont le nombre serait proportionné aux effets que l'on voudrait obtenir : on peut la faire agir par tous les degrés de force au-dessous de douze chevaux, en diminuant la tension de la vapeur et la vitesse de la machine; on a donc ainsi une très-grande latitude de force pour satisfaire à tous les cas qui pourraient se présenter.

Le piston à vapeur a un pied de diamètre et deux pieds de course; il peut battre de 30 à 45 pulsations complètes par minute, ce qui correspond à une vitesse de 120 à 180 pieds dans le même temps; la tension habituelle de la vapeur est supposée de 4 atmosphères; mais la machine n'ayant point de condenseur, et le tiers de la force motrice étant absorbé en général dans les machines à vapeur par les frottemens, l'inertie des masses à mouvoir, et pour entretenir la vitesse, il ne resterait que 2 atmosphères environ pour l'effet utile.

Les deux pompes placées d'une manière fixe de chaque côté du cylindre à vapeur sont des mêmes dimensions que ce cylindre, et à double effet; elles peuvent fournir chacune 52 litres $\frac{1}{4}$ d'eau par coup de piston; il en résulte que pour une vitesse de 30 à 45 pulsations complètes par minute, et en travaillant avec une force de 12 chevaux, elles pourront porter l'eau qu'elles débitent à une hauteur de 5 à 8 mètres au-dessus du point d'aspiration; si la hauteur à franchir était moindre, il faudrait charger en conséquence la machine, en y ajoutant d'autres pompes, une noria, une roue à palettes ou à godets; pour une hauteur plus grande, il faudrait au contraire réduire le calibre des pompes par des manchons intérieurs, de manière à agir sur une masse d'eau moins considérable; et, comme d'ailleurs on est maître de varier la force même de la machine, ainsi qu'on l'a déjà dit, il sera donc toujours facile d'utiliser le mieux possible cette force dans chaque cas particulier.

Le mouvement des pompes à eau devant être rectiligne alternatif, comme celui du piston moteur, il était naturel de profiter de cette circonstance favorable pour lier immédiatement ces deux mouvemens l'un à l'autre; mais, si pour d'autres applications on voulait avoir un mouvement de rotation, pour faire mouvoir par exemple une noria, des moulins, etc., on peut le prendre sur l'arbre même des roues servant de volant, soit au moyen d'une bielle horizontale fixée au bras de la manivelle de chacune de ces roues, soit avec un excentrique placé sur l'arbre qui les supporte, soit enfin par une chaîne sans fin passant sur une poulie fixée sur ce même arbre; on peut d'ailleurs lier la machine à vapeur à celle de rotation, au moyen de quelques pièces en bois ou en fer fortement boulonnées sur les deux machines ; et, dans le cas où les volans de la machine à vapeur ne seraient pas assez forts pour conduire la machine de rotation, quoique pour les applications militaires on n'aie pas besoin d'une très-grande régularité de mouvement, on remplacerait les roues par des volans plus forts, ou l'on ajouterait un volant auxiliaire sur la machine de rotation elle-même; il résultera de la liaison des deux machines le même effet que s'il n'y avait qu'un seul arbre de rotation et un seul volant : on évite ainsi de charger la machine à vapeur d'un poids qui lui serait ordinairement inutile et qui s'opposerait à sa mobilité.

Dès que cette machine a été construite on l'a amenée de l'atelier, au bord du canal St.-Martin pour y être essayée ; elle a eu à parcourir une distance de trois lieues ; et, quoique conduite au grand trot pendant une partie de la route, il ne lui est arrivé aucun accident. Après avoir disposé les tuyaux nécessaires pour la mettre en communication avec le réservoir d'eau on l'a mise en action ; pour bien étudier le jeu de son mécanisme, on l'a fait jouer pendant environ deux mois ; voici le résultat des observations auxquelles elle a donné lieu.

1°. Le foyer de la chaudière paraît trop resserré, le feu languit et a peu d'activité ; il faut mêler du bois au charbon pour le faire brûler : la chaudière ne peut alors donner toute la quantité de vapeur qu'elle devrait fournir. Le tuyau de fuite de la vapeur n'a que deux pouces de diamètre, et file sur toute la longueur de la chaudière pour se rendre dans la cheminée : il en résulte un frottement considérable de la vapeur qui ralentit sa vitesse, et qui doit par conséquent diminuer la force de la machine. L'introduction de la vapeur dans la cheminée n'est peut-être pas non plus sans quelques inconvéniens pour le tirage du foyer : il faudrait essayer de faire déboucher immédiatement la vapeur dans l'air, au sortir de la machine, après avoir échauffé l'eau d'alimentation. La chaudière devrait être entourée d'une enveloppe en laine ou en bois, pour éviter son refroidissement dans l'air.

2°. Le régulateur ne remplit qu'imparfaitement son objet. Cette pièce, destinée à faire passer la vapeur tantôt au-dessus, tantôt au-dessous du piston moteur, la laisse agir simultanément sur les deux côtés à la fois, pendant quelques instants, à chaque pulsation. On ne s'aperçoit de ce défaut qu'en donnant une très-petite vitesse à la machine ; on voit alors le volant éprouver, à chaque demi-révolution, un temps d'arrêt qui le force souvent à rebrousser chemin. Cet effet disparaît en donnant à la machine toute sa vitesse, à cause de l'action du volant qui détermine le mouvement de rotation toujours dans le même sens; mais la vitesse de ce volant ne tend pas à s'accélérer, elle se trouve à chaque tour à peu près ce qu'elle était au commencement du mouvement, et le piston moteur, au lieu de produire tout son effet, n'agit donc qu'avec une différence de force : il en résulte aussi de violentes secousses sur les bielles et sur les coussinets du volant. Il faudrait changer le mouvement du régulateur, et le disposer de manière à pouvoir travailler avec détente pour mieux utiliser la vapeur fournie par la chaudière. On a vu en effet, page 23, quel avantage on pouvait retirer de la détente de la vapeur.

3°. Les clapets des pompes à eau ne fonctionnent pas comme ils le devraient. Par leur disposition verticale, ils restent souvent entr'ouverts, en sorte que l'aspiration n'est pas complète, et que les pompes, quoique disposées pour le double effet, ne donnent par fois qu'un effet simple. On juge facilement de ce défaut par l'émission de l'eau à la sortie des pompes, qui, malgré le réservoir d'air servant de régulateur, est souvent alternative. Il arrive encore que l'eau, au lieu d'être chassée dans le tuyau de fuite, après avoir été aspirée, revient sur ses pas. Voici comment on s'en est aperçu : on avait soin tous les jours d'amorcer les pompes au

3.

commencement du mouvement, en y introduisant de l'eau par le haut de la machine; mais pour que cette eau ne s'écoulât pas par l'extrémité inférieure du tuyau d'aspiration, on avait placé à cette extrémité un fort clapet qui, s'ouvrant de dehors en dedans, se trouvait fermé par le poids de l'eau, et pouvait s'ouvrir lors de l'aspiration; mais, quelque solidité qu'on ait donné à ce clapet, tous les jours il fallait le démonter pour le réparer, et tous les jours on le trouvait enfoncé en sens opposé de l'aspiration. Le tuyau d'aspiration lui-même, quoique essayé à plusieurs reprises à la presse hydraulique, présentait cependant des imperfections à l'endroit des soudures, dès qu'il avait servi quelque temps. Enfin on s'est douté du retour de l'eau, et l'on a même entendu très-distinctement le choc des deux courans d'aspiration et de fuite. Il résultait parfois dans le tuyau d'aspiration des mouvemens de trépidation, dont on a été long-temps à deviner la cause. Pour éviter ces défauts, les clapets des pompes à eau, au lieu d'être placés verticalement, devraient être horizontaux ou inclinés, de manière à tendre toujours à se fermer par leur propre poids : on peut facilement les changer, ou placer une petite masselotte à leur extrémité inférieure, de manière à éloigner leur centre de gravité de l'axe de suspension.

4°. Le réservoir d'air destiné à régulariser le mouvement de l'eau à la sortie des pompes fait des pertes considérables; il faudrait le démonter

pour le réparer et l'essayer à la presse hydraulique.

5°. La pompe alimentaire de la chaudière est
une pièce manquée ; l'aspiration n'y est pas continue ; sa disposition est très-compliquée et très-peu
solide.

6°. La chaudière fait des pertes très-considéra-
bles par l'un de ses fonds ; il faudrait la démonter
de dessus le chariot et retirer les tuyaux intérieurs
pour la réparer.

7°. Le robinet à vapeur éprouve aussi de grandes
pertes ; cette pièce devrait être refaite sur le modèle de celles qui sont en usage maintenant dans
toutes les machines bien établies.

8°. L'une des grandes roues du chariot est hors
de service ; les rais sont éclatés , et présentent maintenant plusieurs défauts que l'ouvrier avait masqués
sous la peinture avec des clous et du mastic. Le
bois vert employé pour les jantes a éprouvé aussi
un retrait considérable, et les bandes de ceinture
s'en sont détachées. L'autre roue, au contraire, est
restée intacte.

La plupart de ces défauts proviennent évidemment d'une mauvaise construction ; et le mécanicien
ne pouvait les rejeter sur la disposition de la machine , puisqu'ils en sont tout-à-fait indépendans ;
ces détails ne lui auraient pas présenté la moindre
difficulté, si malheureusement la construction de cette
machine n'eût été pour lui un coup d'essai, quoiqu'on ait eu toute raison de le croire consommé

dans son art ; cependant, n'ayant pas voulu faire à son compte les réparations, on a soumis à l'arbitrage des experts cette affaire, qui est encore en litige (1).

Quoique, par suite de ces circonstances , les expériences faites sur cette machine soient restées incomplètes , elles ont cependant suffi pour démontrer la possibilité d'avoir une machine mobile , susceptible d'agir en peu de temps sur tous les points où l'on en aurait besoin ; et , dès qu'on voudra développer assez de moyens pour cette entreprise , on peut être assuré de sa réussite (2). Il nous reste à démontrer tous les avantages qu'on peut retirer de ce projet.

---

(1) L'estimation de cette machine, par M. Steel, directeur de la fonderie de la Gare, qui primitivement devait être chargé de sa construction, est de 25.000 fr. La machine à vapeur proprement dite est évaluée 18.000 fr. à raison de 1.500 fr. par cheval.

(2) Si on n'eût pas craint autant la dépense, c'était en Angleterre, pays classique de la mécanique, qu'on devait aller chercher des conseils, des exemples, et peut-être même faire exécuter une première machine. M. Séguin d'Annonay n'a pas hésité à entreprendre ce voyage pour l'établissement des machines locomotives du nouveau chemin en fer en construction de St.-Etienne à Lyon ; et, après avoir parcouru l'Angleterre et consulté les meilleurs mécaniciens, il a fait venir l'année dernière une machine locomotive pour servir de modèle à celles qu'il se propose de construire. C'est la première qui ait encore paru en France

§ II.

EMPLOI DES MACHINES A VAPEUR POUR LA DÉFENSE
DES PLACES.

Élévation de l'eau.

L'application la plus importante et la plus utile
des machines à vapeur dans les places, est l'élévation de l'eau; les problèmes auxquels elle peut donner lieu se réduisent à évaluer la capacité d'un bassin
donné, en ayant égard aux pertes dues à l'évaporation et aux filtrations, et à calculer la force qu'il faudrait employer pour élever l'eau à la hauteur de ce
bassin dans un temps donné.

La perte due à l'évaporation est assez faible ; elle
est fixée par l'expérience, à une tranche de $0^m,865$
de hauteur par an, ou terme moyen, 2 millimètres $\frac{1}{2}$,
par vingt-quatre heures ; elle est compensée en partie par les pluies.

Les filtrations occasionent ordinairement des pertes beaucoup plus considérables, et il est difficile
de les évaluer d'avance, parce qu'elles dépendent de
la nature du sol ; ces pertes peuvent être égales à
la masse même des eaux déversées, si le terrain présente des fissures en communication avec quelques
bassins inférieurs, ou s'il n'est formé que de cailloux

ou de gros gravier à une très-grande profondeur ;
mais ce cas est assez rare , et il est encore possible
d'y remédier , soit en couvrant le fond des réservoirs
d'un corroi de terre grasse ou d'une couche de béton,
soit en y introduisant seulement des eaux chargées
d'alluvions , ou dans lesquelles on aurait délayé de
la terre grasse ou du sable (1) ; il est d'ailleurs prouvé

---

(1) Le canal Calédonien, qui traverse la grande vallée d'Écosse
offre , sous le rapport des moyens que l'on peut employer pour
combattre les filtrations, un exemple des plus remarquables. Ce
canal, où les frégates naviguent à pleines voiles, a une longueur
d'environ cent vingt pieds, à la ligne de flottaison, et une profondeur d'eau de dix-sept à vingt pieds. Tracé sur le flanc de colli-
nes composées tantôt d'alluvions grasses ou tenues recouvrant
des roches, tantôt de dépôts de cailloux roulans et d'un très-gros
gravier ; ce canal est coupé par un grand nombre de vallées qu'il
a fallu passer en le formant en relief sur une hauteur de 20,
30 et jusqu'à 60 pieds au-dessus du terrain naturel. Avec des
remblais aussi énormes, et sous une charge d'eau aussi grande
que celle que supporte le fonds du canal , on a peine à concevoir
qu'il ait été possible de le rendre étanche. Il a fallu sur quelques
points , où le remblais n'était formé que des débris de rochers ,
revêtir intérieurement le canal d'un corroi de terre glaise ; mais
on a reconnu en général que lorsque le sol contenait une propar-
tion suffisante de sable , fût-il même de cailloux ou de gros gra-
viers, il s'étanchait bientôt de lui-même; et que , dans tous les cas
où cette proportion n'était pas assez grande , il suffisait de verser
du sable sur les berges et au fond du canal : ces dépôts pénétrant
dans les pores trop ouverts du terrain les bouchent en très-peu de
temps.

« Ce moyen, dit M. Telfort, l'habile ingénieur qui a dirigé ces
« travaux, est aussi prompt que sûr ; on obtient plus vite en-

par les biefs des canaux qu'il est possible en général de remplir d'eau des bassins creusés dans le
sol ; et on compte qu'en terrain ordinaire, les pertes
dues aux filtrations ne sont que de $\frac{1}{5}$ à $\frac{1}{2}$ de l'évaporation (1). Elles sont beaucoup plus grandes dans
les mauvais terrains ; cependant, au canal de
l'Ourcq, où le sol est considéré comme tel, la
perte est évaluée à vingt fois l'évaporation, et on
la regarde comme immense ; elle n'équivaut cependant qu'à une tranche de 5 centimètres
(2 pouces) par vingt-quatre heures. Il suffit, d'ailleurs, que l'effet des machines à vapeur soit supérieur aux pertes pour maintenir ou rétablir
promptement le volume des eaux nécessaires à la
défense.

Pour évaluer la quantité d'eau que peut élever
une machine à différentes hauteurs, on doit partir
de ce principe bien connu en mécanique que l'effet d'un moteur est proportionnel au poids qu'il
peut élever et à la vitesse de ce poids, et que par
suite il peut être mesuré par le produit de ces
deux élémens.

Il résulte de là que l'effet du cheval de vapeur
est en raison inverse de la hauteur à laquelle il doit

» core le même résultat avec la glaise, mais d'une manière moins
» simple et moins économique. » (Histoire du canal Calédonien,
par M. Flachat.)

(1) Cours de construction de M. Sganzin.

porter l'eau ; si donc, d'après sa définition, il est capable d'élever 265 mèt. cubes d'eau à 1 mèt. de haut dans une heure, ou 400 pieds cubes à un pied de haut dans une minute (voyez page 13), il n'élèverait dans le même temps que la moitié de cette masse à une hauteur double, le tiers à une hauteur triple, ainsi de suite ; il sera donc toujours facile d'évaluer, dans chaque cas particulier, le temps et le nombre de chevaux de vapeur ou de machines à employer, pour élever un certain volume d'eau à une hauteur donnée.

Il est facile, d'après ces données, de résoudre toutes les questions relatives à l'élévation de l'eau pour la défense ; chaque localité peut les faire varier d'une foule de manières : nous en citerons plusieurs exemples traités d'une manière générale pour ne pas divulguer le système de défense des places dont nous les avons tirés.

Un pli de terrain forme un grand bassin en avant d'une place : ce bassin est à 100 pieds au-dessus du niveau naturel de l'eau dont la place dispose, et sa superficie est d'un million de pieds carrés. Il s'agit d'y former une inondation artificielle de 5 pieds de profondeur moyenne d'eau.

C'est donc cinq millions de pieds cubes d'eau qu'il s'agit d'élever à 100 pieds. Une machine de 12 chevaux n'en fournirait à cette hauteur que 69.120 par jour ; en sorte qu'il faudrait ainsi près de soixante-douze jours pour compléter l'inondation, non compris les pertes de l'évaporation et des filtrations.

Cependant on est pressé d'obtenir le résultat demandé : on fait alors agir quatre machines, et en moins de dix-huit jours l'inondation est complète. Il suffira ensuite d'une seule machine pour l'entretenir, et les autres, devenues disponibles, pourront être dirigées sur d'autres points.

L'agriculture a conquis un marais qui couvrait plusieurs fronts de fortification ; les débris des végétaux, en exhaussant insensiblement le sol, et les canaux de desséchement en baissant le niveau des eaux, permettent maintenant à l'ennemi d'ouvrir des tranchées sur un terrain autrefois imbibé d'eau. On veut rendre ce terrain à l'eau au moment du siége, afin de couvrir de nouveau les fortifications.

Une seule de nos machines y versera 2.304.000 pieds cubes d'eau par jour, en supposant qu'elle doive l'élever de 3 pieds ; en sorte que toute cette plaine spongieuse, quelle que soit son étendue, sera bientôt rendue à son état primitif de marais : d'où l'on voit qu'on pourrait désormais rendre à l'agriculture ces marais infects conservés jusqu'à présent pour la défense de quelques places. La garnison y gagnerait en santé, les habitans en produits, ce qui compenserait au centuple la dépense des machines.

On veut remplir d'eau les fossés d'une place pour remédier au peu de hauteur de ses escarpes, et se dispenser de revêtir les ouvrages extérieurs : une rivière voisine, barrée par un pont éclusé, pourrait donner ce résultat ; mais il faudrait encore prolonger ce pont par une digue à travers la vallée, jus-

*qu'au pied des hauteurs qui la bordent, et occuper
la tête de cette digue par un ouvrage qui, hors de
la portée de la place, doit être considérable : ce
projet est évalué à plus de 4 millions ; on est effrayé
de cette dépense, et il est à craindre encore que
l'ennemi n'établisse des batteries en amont du pont
éclusé pour le détruire.*

Les machines à vapeur peuvent résoudre le problème plus sûrement et à bien moins de frais : les
fossés de la place qui équivalent à ceux d'un hexagone présentent une surface de 114.700 mètres carrés ; et, pour les remplir de 2 mètres d'eau, il
faudrait élever 229.400 mètres cubes. Si la hauteur
à franchir est de 6 mètres, deux machines de 12 chevaux donneront ce produit en moins de dix jours, et
avec la faible dépense de 1000 à 1200 francs de
charbon.

*Une place située au bord d'une rivière est bordée
par un immense vallon où coule un ruisseau affluent de
cette rivière. En barrant ce ruisseau, on pourrait
inonder tout le vallon, et rendre la place inattaquable
sur la plus grande partie de son pourtour ; mais il est
à sec en été, ou donne habituellement si peu d'eau,
qu'il faudrait trois ou quatre mois pour que l'inondation fût tendue.*

Les machines à vapeur permettront d'obtenir tous
les avantages que présente cette heureuse position ; postées dans l'endroit le plus convenable pour
puiser l'eau de la rivière, elles la déverseront dans
le bassin d'inondation. La surface de ce bassin est

évaluée à 400.000 mètres carrés; pour y mettre 1^m,30 de hauteur d'eau, il faut élever 520.000 mètres cubes. Si la hauteur moyenne à franchir est de 3 mètres, deux machines de 12 chevaux n'auraient besoin d'agir que 10 jours, et 11, 12 ou 13 si les filtrations sont considérables.

Un ouvrage avancé prend des revers très-avantageux sur le front d'attaque d'une place : on veut le conserver à l'abri des efforts de l'assiégeant par des flaques d'eau artificielles.

En même temps qu'on construit cet ouvrage, on creuse autour une flaque de 80 à 100 mètres de largeur, sur 1 mètre de profondeur; et au moment du siége une de nos machines la remplira d'eau en quelques heures.

En avant d'une place baignée par une rivière le terrain se relève en pente douce, à mesure qu'il s'éloigne de la rivière et de la place; on veut le couvrir d'eau pour y arrêter l'ennemi.

Une simple levée en terre, établie le long de la rivière, et protégée par quelques ouvrages noyés, fournira un vaste bassin d'inondation que pourront remplir les machines à vapeur; et, quand bien même l'ennemi parviendrait à saigner cette inondation, elle aurait encore un avantage, car le temps plus ou moins long qu'exigerait ce travail serait toujours un retard, et l'imbibition du terrain ne permettrait que très-difficilement d'y creuser des tranchées.

Un fort situé sur le bord de la mer ou d'une ri-

vière , en avant d'une place , n'a pas une communi-
cation assurée avec elle ; il est à craindre que l'en-
nemi ne l'intercepte entièrement.

On couvrira cette communication par une levée en
terre, en forme de caponnière ; et en déversant l'eau
au delà , on ôtera à l'ennemi tout moyen d'attaque.

Il existe en avant d'une place un pli de terrain ,
ou un avant-chemin couvert susceptible d'être inondé
par des machines ; l'ennemi le trouvant propice à
ses attaques , et ne soupçonnant pas d'ailleurs la
possibilité d'une inondation , par la hauteur où il se
trouve au-dessus du niveau des eaux , y ouvre la
tranchée et y construit ses batteries.

Les machines à vapeur accourront sur le front
menacé, et lorsque l'attaque de l'ennemi sera bien
dessinée , et qu'on jugera le moment favorable , elles
le noieront dans ses tranchées ; il en sera alors pour
sa peine, son temps , et peut-être même pour son
canon. S'il veut reporter son attaque d'un autre
côté , les machines à vapeur l'y suivront pour lui
opposer de nouveaux obstacles.

L'assiégeant vient de couronner le chemin cou-
vert du front d'attaque , situé sur un plateau à
10 mètres au-dessus du niveau des eaux. Afin de
rendre le passage du fossé plus long et plus difficile ,
et la brèche inaccessible lorsqu'elle sera faite , on
veut le remplir de 3 mètres d'eau.

Les fossés du front d'attaque équivalant à ceux
de deux fronts bastionnés, offrent une surface de
38.240 mètres carrés ; ils exigeraient 104.720 mè-

tres cubes d'eau pour être remplis. A 10 mètres de haut, une seule machine ne pourrait en fournir que 7.608 mètres par jour ; mais comme l'opération doit être terminée en quatre jours, puisque l'ennemi peut être en mesure de commencer le passage du fossé quatre jours après le couronnement du chemin couvert, il s'ensuit qu'il faut faire travailler quatre machines. Elles déverseront dans le fossé en moins de trois jours et demi la quantité d'eau demandée.

L'ennemi bat en brèche le corps de place, et a commencé son passage de fossé ; on veut renverser ce travail et noyer ses colonnes d'assaut au moment où elles paraîtront dans le fossé.

L'assiégé, prévoyant ce moment critique, aura profité des parties hautes des fossés de la place, ou même de la citadelle qui occupe un plateau élevé, pour y faire des réserves d'eau. Ces bassins sont, par exemple, à 20 mètres au-dessus du niveau naturel des eaux de la place : leur surface, équivalant à celle de quatre fronts bastionnés, est de 76.480 mètres carrés : on peut les remplir de 4 mètres d'eau, sans noyer les chemins couverts. Ce serait donc 305.920 mètres cubes d'eau à élever. Une seule machine ne fournirait à 20 mètres de haut que 5.816 mètres cubes par jour ; en sorte qu'il faudrait près de quatre-vingts jours pour élever la quantité d'eau demandée ; et, comme il est probable qu'on ne commencerait point l'opération avant l'ouverture de la tranchée, la place aurait le temps d'être prise

avant qu'on pût faire usage de ce moyen de défense ;
mais, si on réunit cinq machines, il ne faudra plus
que seize jours, temps beaucoup moindre que celui
nécessaire à l'assiégeant pour parvenir au fond du fossé
du corps de place dans un siége ordinaire : on se trouvera donc prêt à donner la chasse au moment du besoin. Cette quantité d'eau permettra de la renouveler
plusieurs fois, alimentée d'ailleurs par les machines
à vapeur qui continueront toujours à travailler (1).

---

(1) Bousmard décrit d'une manière piquante la défense du fossé
par les eaux, en se servant d'un bassin d'inondation rempli au
moyen d'un barrage.

« Les fossés du front d'attaque, maintenus à sec tout le temps
» que l'assiégé le jugera convenable, lui permettront de faire
» sous le glacis des contre-mines, qui feront éprouver à l'assié-
» geant de grands retards dans la marche de ses attaques. On
» sait aussi que celui-ci ne peut triompher de cet obstacle qu'en
» déployant des moyens du même genre, dont le plus puissant
» est, sans contredit, le globe de compression, au moyen du-
» quel il crève à la fois, à une grande distance, les galeries et ra-
» meaux de l'assiégé, enlève la crète de son chemin couvert, et
» renverse sa contrescarpe. Mais quand, par les progrès et les
» événemens de la défense souterraine, l'assiégé prévoira qu'il
» va éprouver cet effet de la part de l'assiégeant, ne peut-il pas
» l'empêcher à l'instant même, en introduisant les eaux de l'i-
» nondation de toute leur hauteur dans le fossé ? Voilà, dès cet
» instant, l'assiégé qui a perdu son temps à préparer son volcan
» artificiel, presque toujours placé à une grande profondeur,
» forcé à revenir, par la voie ordinaire, à l'attaque de la con-
» trescarpe. Il l'emporte enfin, mais de nouvelles difficultés l'at-
» tendent au passage de ce fossé maintenant plein d'eau.

» Il fera sans doute un pont de fascines, car il craindra l'ef-

Enfin comme dernier exemple, nous citerons la place d'Alexandrie, ville célèbre dans les annales de la fortification, par les immenses travaux qu'y firent les Français (1). Elle devait recevoir les débris de l'armée d'Italie en cas de revers, et offrir tous les magasins et moyens de défense nécessaires, pour qu'un corps de 40.000 hommes pût tenir pendant six mois, et attendre de nouveaux renforts, en menaçant les derrières de l'ennemi s'il tentait de marcher par les passages des Apennins qui se trouvent en arrière.

» fet du courant rendu aux eaux du fossé. Ce pont, le plus léger
» possible ainsi que son épaulement, sera porté par un grand
» nombre de longs piquets, ou petits pilots : peut-être aura-t-il
» des arcs-boutans ou des ancres pour le retenir ? Déjà il est près
» d'atteindre à la brèche, dont le talus, adouci à force de bombes
» et de boulets, provoque l'impatience de l'assiégeant à donner
» l'assaut. Déjà celui-ci a jeté de longues perches pour atteindre
» ce talus par une espèce de pont levis ; mais l'assiégé lâche à l'ins-
» tant les écluses de sortie des eaux, ou de fuite. Déjà le bas
» de la brèche s'éboule, le pont de fascines chancelle, se délie ;
» on ose à peine s'y confier pour essayer de le raffermir ; mais
» une plus violente secousse est près de le choquer ; on ouvre
» les écluses de chasse qui donnent de nouveau entrée aux
» eaux, il ne peut résister à ce torrent. Il est emporté, en lais-
» sant l'assiégeant dans le désespoir de parvenir jamais par un
» travail plus solide, à surmonter un obstacle aussi violent,
» dont le rouvellement est à la disposition de l'assiégé. »

(1) Le projet de défense d'Alexandrie était évalué à 55 millions ; en 1814, lors de l'évacuation de la place, on en avait dépensé 30. On employait habituellement à ces travaux 8.000 hommes de la garnison, 4.000 forçats et un grand nombre d'ouvriers du pays

La ville, située sur la rive droite du Tanaro, n'avait qu'une vieille enceinte à peine à l'abri d'un coup de main ; elle fut couverte par les eaux de la Bormida, rivière dont le cours est supérieur à celui du Tanaro, et qu'on détourna pour l'amener sous les murs de la place, afin de remplir les fossés et alimenter plusieurs inondations formées à la queue des glacis, et à la gorge de plusieurs grandes couronnes jetées en avant.

La citadelle, située sur la rive gauche du Tanaro, formait tête de pont, et donnait un débouché au-delà de cette rivière ; sa défense, plus importante encore que celle de la place, fut assurée en éclusant l'ancien pont en pierre du Tanaro, de manière à faire refluer les eaux de cette rivière dans les fossés, et dans un bassin naturel d'inondation qui régnait autour des glacis. Cette partie était regardée comme inattaquable, tant que l'ennemi ne se serait pas rendu maître de la ville pour détruire le pont éclusé, et saigner l'inondation : aussi n'épargna-t-on rien pour la sûreté de ce pont. Il était formé de dix arches en maçonnerie et présentait une longueur totale de 2i8 mètres ; il fallut construire un radier et des piles entre les arches pour soutenir le barrage. On entreprit ces travaux sous les auspices les plus défavorables ; la rivière coulant sur un sol mouvant, d'un lit très-variable, est de plus sujette à des crues d'orage qui la font monter de 6 à 8 pieds en vingt-quatre heures. Le pays n'offrait aucune ressource ; il fallut tout créer, sonnettes, machines à épuiser, dragues, appareils de tous genres : les bras même manquaient, et on fut obligé de faire travailler plusieurs régimens d'infanterie, et des bataillons de sapeurs. Il y eut jusqu'à 500 hommes employés jour et nuit aux épuisemens ; on eut à lutter contre des difficultés de tout genre ; à chaque instant il se manifestait de nouveaux accidens causés par la force du courant, les crues et la mauvaise qualité du sol ; plusieurs fois les batardeaux furent rompus ; le faux radier était à peine achevé qu'il fut presqu'entièrement détruit, il fallut le reconstruire : souvent on désespéra de réussir ; enfin, après trois ans de travaux continuels, d'efforts extraordinaires, M. le chef de bataillon du génie Mayniel, l'habile ingénieur qui dirigeait cet ouvrage , parvint à le terminer. La dépense seule du radier s'éleva à 982.000 fr., l'entretien des enrochemens exigeait chaque année une somme de 7 à 8.000 fr. ; l'approvisionnement des poutrelles, et d'un pont de service pour les placer, des poulies, treuils, etc., était de 47.000 fr.; celui des deux estacades pour couvrir le pont en amont contre les brûlots lancés par l'ennemi du haut du Tanaro 10.000 fr. On doit ajouter encore à ces dépenses 1.544.000 fr. pour la construction du quai de la rive droite du Tanaro, à l'extrémité du pont, et d'une écluse de navigation servant en même temps de déversoir : total 2.583.000 fr. pour l'éclusement du pont.

Ce n'était pas assez de former le barrage, il fallait encore le défendre ; on avait surtout à craindre qu'il ne fût battu en aval par la trouée de la rivière. Pour parer à cet inconvénient on occupa une île du Tanaro qui servait de masque dans cette direction ; mais on fut obligé pour ainsi dire de la créer, en l'entourant de pilotis et d'enrochemens en pierres factices, car on ne trouvait point de pierres dans le pays. Ces ouvrages exigèrent une dépense de 480.000 fr., et en 1814, il fallait encore 420.000 fr. pour les achever.

Malgré tous ces travaux, on était encore loin d'être rassuré sur leurs résultats. « Les travaux du pont, » dit M. le général Chasseloup, dans ses mémoi- » res, ayant mieux fait connaître la nature du fond » qui est très-mauvais, donnèrent, sinon une cer- » titude entière, du moins les plus fortes proba- » lités que tout barrage dans cette rivière était im- » praticable. » Et, en effet, lors de la construction du radier, plusieurs fois des batardeaux, en apparence les plus solides, avaient été renversés sous une charge d'eau assez faible, quoique la moitié des arches ne fussent pas fermées ; qu'aurait-ce été s'il avait fallu compléter entièrement le barrage au moment d'un siége ! On avait donc tout à craindre qu'alors il ne fût emporté, surtout si une crue subite était survenue à ce moment. La manœuvre des poutrelles ne pouvait d'ailleurs se faire sous les arches qu'avec beaucoup de difficultés et une extrême lenteur. A quels dégâts n'était-on pas exposé encore, en introduisant les eaux torrentueuses de la rivière dans le bassin de l'inondation ;

on avait remédié, il est vrai, en partie, à cet inconvénient en construisant dans la digue de retenue
de l'inondation, en aval du pont, le long de la rive,
un barrage éclusé de 5o mètres de longueur, qui
avait coûté 181.000 fr. Les bombes de l'ennemi
pouvaient encore enfoncer les voûtes du pont et
couper ainsi la communication de la ville à la citadelle; le barrage n'était d'ailleurs couvert que très-
imparfaitement des feux directs du côté d'aval, par
les ouvrages de l'île du Tanaro. Tous ces inconvéniens firent adopter en principe la construction
d'un avant-pont éclusé, en amont du premier, auquel celui-ci devait servir de masque. Ce nouveau
barrage, mieux approprié à son usage, devait recevoir trois rangs de poutrelles, et offrir un pont de
service en bois, de 3 mètres de large. Sa dépense
était évaluée à 700.000 fr.

L'importance du barrage pour la défense de la citadelle avait encore fait projeter la construction
d'une tête de pont dans la ville même, afin que
l'ennemi, maître de celle-ci, fût astreint à un second siége avant de pouvoir détruire le pont. Cette
dépense était évaluée 3 millions; lors de l'évacuation de la place en 1814, on avait déjà dépensé
230.000 fr. pour les fondations.

En résumé, la dépense nécessaire pour assurer
l'éclusement du Tanaro, se compose, savoir :

Travaux faits.

Le radier du pont.	982.000	
Pont de service, poutrelles, etc.	47.000	
Estacades de garantie.	10.000	
Quais et déversoirs.	544.000	2.474.000 fr.
Travaux dans l'île du Tanaro. . .	480.000	
Fondations d'une tête de pont. .	230.000	
Barrage éclusé de la digue d'aval.	181.000	

En projet

Avant-pont éclusé.	700.000	
Tête de pont dans la ville	3.000.000	4.120.000 fr.
Achèvement des travaux dans l'île		
du Tanaro.	420.000	

Total général. . . . . 6.594.000 fr.

Avec cette dépense, on aurait eu 2 mètres d'eau dans les fossés de la citadelle, qui est un hexagone, et une inondation autour des glacis de 150 mètres environ de largeur moyenne, sur 2.400 mètres de développement, et 1^m,50 de profondeur. Les eaux du Tanaro auraient été élevées de 3 mètres par le barrage. Les parties basses de la place auraient pu être inondées en même temps par ces eaux, si celles de la Bormida n'eussent pas été suffisantes.

Pour obtenir les mêmes résultats au moyen des machines à vapeur, il aurait fallu élever :

Pour l'inondation de la citadelle	5.400.000 mètres cubes d'eau
Pour les fossés.	229 400
Total. .	5.629.400

A 3 mètres de haut.

A cette hauteur, dix machines de douze chevaux, ou deux machines fixes d'une force équivalente, si leur emploi eût dû se réduire à ce seul
usage, donneraient 264.400 mètres cubes par
vingt-quatre heures, c'est-à-dire qu'en 21 jours,
qu'on peut porter à 23 ou 24, pour tenir compte
des pertes, on aurait obtenu le résultat demandé. L'achat des machines, évalué à raison de
1.500 fr. par cheval, aurait été de 180.000 fr.,
plus, 20.000 fr. environ pour les pompes à eau,
total 200.000 fr.; et quand il aurait fallu dépenser
autant pour les établir à l'épreuve de la bombe, la
dépense totale n'aurait été que de 400.000 fr. au lieu
de 6.594.000 fr. que devait coûter le projet complet de barrage. C'est une économie d'environ 94
p. $\frac{o}{o}$: le seul revenu du capital pendant un an aurait
suffi pour payer la dépense des machines, et ce capital ne serait pas perdu. Il n'aurait pas fallu six
mois, par ce moyen, pour mettre la citadelle en
état de défense, tandis qu'après dix ans de travaux,
le projet complet d'inondation par l'éclusement du
pont n'était pas encore terminé. Les frais d'entretien n'auraient pas été plus grands pour les machines que pour le pont éclusé, puisque pour celui-
ci, il fallait recharger tous les ans les enrochemens
du radier; et conserver en état les poutrelles, poulies, treuils, cordages, etc., et un pont de service nécessaire à leur manœuvre. Une douzaine d'hommes
aurait suffi pour le jeu des machines, au lieu de 12 à 15
cents qu'il aurait fallu pour la garde des ouvrages qui

couvraient le pont, le service du barrage et des estacades placées en avant, sans compter un matériel considérable d'approvisionnemens de toute espèce.

On aurait eu probablement, pour la défense de la ville, un avantage plus grand encore à élever les eaux du Tanaro au moyen de machines, plutôt que de détourner la Bormida par un canal de 6.000 mètres de long sur 50 mètres de large, et d'exécuter tous les barrages, digues, ponts éclusés et ouvrages défensifs auxquels cet immense travail a donné lieu.

Nous croyons avoir suffisamment prouvé l'avantage des machines à vapeur comme moyen d'élever l'eau pour la défense : on trouvera facilement dans chaque localité quel est le meilleur parti qu'on pourra en tirer, et désormais leur emploi nous semble devoir entrer comme élément essentiel dans le projet général de défense d'une place.

Du jet de l'eau.

Dans les divers emplois de l'eau pour la défense, on ne pourra pas toujours la faire arriver directement, par une pente continue, dans le bassin à remplir ou sur le point qu'on voudrait submerger : il faut donc pouvoir la lancer sous la forme d'un jet, de manière à lui faire franchir un certain espace; ce qui serait surtout nécessaire si l'on veut mettre l'eau en jeu contre les travaux de l'assiégeant. Cette application rentre, comme nous allons le voir, dans le cas général de l'élévation de l'eau dans un réservoir.

Puisque l'effet d'une machine se mesure par le produit des deux élémens qui le composent, la masse et la vitesse, et qu'on peut faire varier à volonté ces deux facteurs sans changer le produit, il est donc toujours possible, avec une machine d'une force donnée, d'imprimer à une certaine masse d'eau une vitesse déterminée, de manière à lui faire franchir un certain espace : mais la vitesse que peut prendre une masse d'eau dans l'air est fort limitée, elle dépend de la résistance de l'air et du peu de cohésion qu'ont entre elles les molécules d'eau ; et, en effet, la résistance de l'air croissant comme le carré de la vitesse, et proportionnellement à la surface choquée, il peut arriver qu'en employant une grande vitesse initiale, la résistance de l'air divise la masse d'eau lancée, augmente ainsi la surface choquée, et par suite cette résistance elle-même, jusqu'au point de transformer la masse d'eau en un brouillard épais, et de rendre sa portée beaucoup moindre que si on lui eût imprimé d'abord une vitesse plus faible. Un effet analogue a lieu lorsqu'on décharge un fusil à bout portant dans la terre ; la balle, lorsqu'elle est en plomb, s'aplatit par la résistance, et pénètre moins avant que si le fusil eût été tiré de plus loin, parce qu'alors la balle a une vitesse moins grande au moment de son entrée dans la terre, ce qui diminue la résistance.

Plusieurs expériences nous ont éclairés sur cette

question intéressante. Une pompe à incendie ordinaire, manœuvrée par 10 hommes, telle que celles en usage pour la ville de Paris, donne un jet de 80 pieds d'amplitude horizontale pour le *maximum* de portée sous un angle de 45°, avec une lance conique, et un ajutage de même forme percé d'un orifice de 6 lignes de diamètre. Le débit, calculé d'après plusieurs expériences, a été de 236 litres ou 7 pieds cubes environ, par minute; la pression dans le réservoir d'air, observée avec le manomètre, varie de 5 à 6 atmosphères. En calculant la vitesse au sortir de l'ajutage pour fournir au débit indiqué, on trouve qu'elle est d'environ 27 mètres, ou 83 pieds, par seconde; mais, chose remarquable, c'est qu'en appliquant 14 hommes à la même pompe, l'amplitude est restée toujours la même; cependant la pression dans le réservoir d'air était devenue tellement grande, que le manomètre s'est cassé : or, cette augmentation de pression donnait nécessairement à l'eau une vitesse initiale plus considérable; si donc on n'a pas obtenu une plus grande amplitude, c'est que la vitesse, dans le premier cas, était arrivée à son *maximum* d'effet, et que, dans le deuxième, on perdait inutilement la force de quatre hommes pour augmenter cette vitesse.

Des expériences faites sur le grand jet d'eau de Saint-Cloud conduisent au même résultat. La hauteur du réservoir qui alimente ce jet est de 172 pieds, ce qui correspond à une pression comprise entre 5 et 6 atmosphères. La conduite a 414 toises de déve-

loppement ; elle présente des pentes, des contrepen-
tes, et suit toutes les sinuosités du terrain. Elle est
formée de tuyaux de 8 et 10 pouces de diamètre,
qui se réduisent à 5 pouces à l'endroit de l'ajutage :
cet ajutage a 15 lignes $\frac{1}{2}$ de diamètre. La plus
grande hauteur à laquelle s'élève le jet verticalement
est de 131 pieds ; mais la masse d'eau principale n'est
guère portée à plus de 125 pieds.

En plaçant sur la souche du jet un bout de tuyau
conique dirigé sous l'angle de 45°, et en fixant à
l'extrémité différens ajutages, on a eu les résultats
suivans.

Tableau des portées du grand jet d'eau de Saint-Cloud sous l'angle de 45°.

DÉSIGNATION DES AJUTAGES.	RÉSULTATS	PORTÉES.	OBSERVATIONS.
Ajutage conique de 2 pieds de long, orifice 10 lignes.	La masse de l'eau tombe à 9 mètres au-delà de la grille du parc; à 13 mèt. de cette grille la pluie est encore assez forte.	43 et jusqu'à 47 mèt.	A 20 mètres environ de l'ajutage, la trajectoire commence à se diviser, et il s'en détache des molécules d'eau; 3o et 35 mètres la dispersion est déjà notable; elle augmente de plus en plus jusqu'au point extrême où il n'arrive guère que la moitié de la masse d'eau, sous la forme d'une forte pluie.
Ajutage conique de 7 pouces ½ de long, orifice 13 lignes ½.	La masse de l'eau tombe à 13 mètres au-delà de la grille du parc, et l'eau arrive souvent comme par bouffées à 17 mètres.	47 et jusqu'à 51 mèt.	La masse d'eau que fournit cet ajutage paraît considérable et imposante; elle est plus forte que dans l'expérience précédente, mais la dispersion est plus grande.
Ajutage parabolique de 6 pouces de long, orifice 14 lig. ½, prolongé par un cylindre de quelques lignes de long.	La grande masse de l'eau arrive à 13 mètres de la grille; la pluie est encore assez forte à 15 mètres.	47 et 49 mèt.	La dispersion paraît plus grande que dans les expériences précédentes.
Ajutage de même forme, orifice 15 lignes ½	Même résultat.	47 et 49 mèt.	Même observation.
Ajutage de même forme, orifice 17 lignes.	La masse de l'eau arrive à 9 mètres de la grille; il faisait alors du vent dans le sens de la trajectoire qui portait quelquefois l'eau à 4 et 5 mèt. plus loin.	43 et 48 mèt avec le vent.	L'augmentation du diamètre de l'orifice diminue d'une manière sensible la portée.

On a essayé aussi des ajutages cylindriques, et en mince parois; mais les portées qu'ils ont fournies sont moindres que les précédentes, et la dispersion a paru aussi plus grande.

La plus grande amplitude que l'on ait obtenue dans ces expériences est d'environ 150 pieds (1). Elle ne varie pas d'une manière sensible en inclinant l'ajutage de quelques degrés au-dessus ou au-dessous de 45°.

Supposons maintenant pour un moment, que la vitesse de l'eau à la sortie de l'ajutage soit la même que celle d'une pompe à incendie manœuvrée par 10 hommes. Les dépenses d'eau pour les deux cas devraient alors être entre elles comme la surface

---

(1) Mariotte, qui a fait aussi plusieurs expériences pour déterminer l'amplitude d'un jet d'eau sous l'angle de 45°, a trouvé que les trajectoires ne différaient pas sensiblement de la parabole, et que l'amplitude horizontale suit assez bien la proportion du double de la hauteur verticale du jet ; d'où il résulterait qu'un jet d'eau de 131 pieds de hauteur, comme celui de Saint-Cloud, devait donner une portée de 260 pieds environ, au lieu de 150 qu'il donne réellement. Ce résultat montre combien il est dangereux, de se servir des données mêmes de l'expérience hors des limites où elles ont été faites ; et, en effet, Mariotte n'a expérimenté que des jets produits sous une très-petite charge, ou avec une vitesse initiale très-faible, auquel cas la trajectoire diffère très-peu d'une parabole, et l'amplitude réelle est aussi celle indiquée par la théorie ; mais, lorsque les vitesses sont considérables, les vraies courbes que décrivent alors les jets, sont comme indéterminables par le calcul. La déperdition qui se fait le long de la trajectoire devenant très-grande, la résistance de l'air, au sommet de la courbe, agit avec plus de force contre la masse d'eau qui est aussi plus divisée ; et, la branche descendante, au lieu de continuer à décrire une parabole, s'infléchit sur elle-même, et prend la forme d'une logarithmique ayant une verticale pour asymptote.

des orifices des ajutages; c'est-à-dire que le jet d'eau de Saint-Cloud débiterait environ 46 pieds cube d'eau par minute; or c'est à peu près ce qu'il donne effectivement, quoiqu'on n'ait pu le vérifier directement d'une manière assez exacte, car la vitesse due à la hauteur d'un réservoir de 172 pieds serait, d'après la théorie, de 101 pieds $\frac{1}{2}$ par seconde, et la dépense correspondante par un ajutage de 15 lignes $\frac{1}{2}$ serait de 55 pieds cubes par minute; c'est la limite de la dépense réelle, et il s'en faut bien que ce soit la véritable, puisque la vitesse au sortir de l'ajutage, au lieu d'être réellement de 101 pieds $\frac{1}{2}$ par seconde, a éprouvé toute la diminution qui résulte de la longueur et des sinuosités de la conduite qui sont ici considérables : ce n'est donc pas très-probablement caver trop bas que de supposer cette vitesse réduite à peu près à 83 pieds, c'est-à-dire la même que pour une pompe à incendie, auquel cas la dépense serait effectivement de 46 pieds cubes par minute. Quoique ces résultats n'aient pu être parfaitement tranchés, ils suffisent cependant pour indiquer que le *maximum* d'amplitude que peut prendre une masse d'eau dans l'air correspond à peu près à une vitesse initiale de 83 pieds, ou 27 mètres, par seconde; et qu'on peut, en général, obtenir cet effet avec une pression de 5 à 6 atmosphères, et avec un ajutage d'un orifice convenable placé à l'extrémité de la conduite.

Il est d'ailleurs facile d'expliquer pourquoi le jet d'eau de Saint-Cloud, quoique avec une vitesse initiale à peu près la même que celle donnée par une pompe à incendie, a une amplitude beaucoup plus grande; c'est que les gros jets se défendent mieux que les petits contre la résistance de l'air, dont l'effet est de produire une dispersion considérable de l'eau le long de la trajectoire.

Il suit de ce qui précède, que puisqu'on ne peut augmenter l'amplitude d'un jet, en augmentant la pression qui doit le produire, il vaut mieux employer l'excès de force, en sus de celle qui est nécessaire, pour lancer plus d'eau à la fois : ce n'est que par ce moyen aussi qu'on pourra obtenir une plus grande amplitude.

Ces données nous étaient nécessaires pour disposer notre machine de manière à lancer de l'eau. Si avec une force de 12 chevaux on peut élever $400 \times 12 = 4800$ pieds cubes d'eau à 1 pied de haut dans une minute, à une hauteur de 172 pieds, *maximum* de pression qu'il convient à peu près d'employer pour avoir la limite de la vitesse à la sortie de l'ajutage, la masse d'eau élevée ne pourra être que de 28 pieds cubes par minute (1). Le calibre des pompes à employer pour obtenir ce produit se trouve alors fixé par cette donnée. Il suffira en-

---

(1) Puisqu'il faut une machine de 12 chevaux pour lancer d'une manière continué 28 pieds cubes d'eau par minute, avec la vitesse *maximum*, le jet d'eau de Saint-Cloud, qui donne environ 46 pieds cubes, correspondrait donc à une force de 20 chevaux.

suite, pour que la dépense d'eau fournie par les pompes se fasse avec la vitesse d'environ 27 mètres par seconde, de rétrécir l'extrémité du tuyau de fuite par un ajutage d'un diamètre convenable, de manière que la pression dans le réservoir d'air reste toujours comprise entre 5 et 6 atmosphères. Il sera d'ailleurs facile d'obtenir ce résultat par tâtonnement, au moyen de quelques ajutages de rechange.

La machine disposée pour projeter l'eau est donc la même que pour remplir un réservoir ; seulement il faut, dans tous les cas, mettre en rapport la masse d'eau élevée et la hauteur à franchir, avec la force motrice employée.

Les expériences faites sur cette machine ont confirmé les résultats qu'on espérait en obtenir. Par le mouvement des pompes à double effet et du réservoir d'air, le jet est continu, et tel qu'une charge d'eau pourrait le produire. Avec un ajutage d'un orifice convenable on obtient dans le réservoir d'air une pression constante de 5 à 6 atmosphères, et la portée du jet varie alors de 36 à 40 mètres : malheureusement plusieurs défauts de construction dans le mécanisme ont empêché que les expériences ne fussent complètes. Par la disposition verticale des clapets, qui restaient souvent entr'ouverts, les pompes ne donnaient pas toute l'eau qu'elles devaient fournir, et elles n'agissaient parfois qu'à simple effet, quoique disposées pour l'effet double. La pression continue dans le réservoir d'air y a bientôt déterminé des fuites considérables qui ont empêché cette

pression de s'élever ensuite à plus de 4 atmosphères;
ce qui a réduit la portée du jet à 30 mètres, et quel
quefois à moins encore. Le tuyau de cuir disposé
pour diriger le jet à volonté dans différentes directions, s'est crevé le long de la couture après quelques essais : il aurait fallu le refaire d'après un autre
système; mais toutes ces réparations auraient exi-
gées de nouvelles dépenses qu'on n'a pas voulu
faire; les expériences n'ont donc pu être continuées.

Tout incomplètes qu'elles sont, elles suffisent cependant pour montrer quel jet l'on peut obtenir.
Comme pour celui de Saint-Cloud, la dispersion le
long de la trajectoire est considérable, mais la masse
d'eau qui arrive à l'extrémité du jet est encore assez
grande, et les témoins des expériences n'ont pas
mis en doute qu'elle ne fût suffisante pour arrêter le
travail d'une tête de sape, soit en agissant sur les
hommes, soit en faisant écouler les terres des parapets, et en remplissant d'eau la tranchée. Il était
facile d'ailleurs de conclure ces effets *à fortiori*, des
expériences faites par M. la Jomarière avec une pompe
à incendie, dont les résultats ont été décisifs, quoique avec une quantité d'eau incomparablement
moindre (1). Les essais faits sur le grand jet d'eau

---

(1) On a dit qu'il était inutile de chercher à lancer plus d'eau
que n'en donne une pompe ordinaire à incendie, puisque par expérience cette quantité suffisait pour arrêter une tête de sape;
et, que si on voulait remplir d'eau les tranchées, quelques pom-

de Saint-Cloud montrent aussi quelle est la portée que l'on peut obtenir en agissant avec une masse d'eau suffisante.

---

pes mues à bras d'hommes, offriraient moins de difficulté, d'embarras et de dépense que les machines à vapeur.

Si on ne considère que l'action de l'eau sur les hommes employés à une tête de sape pour les mettre dans l'impuissance de travailler, il est possible que la masse d'eau lancée par une pompe à incendie puisse suffire, nous voulons l'accorder; mais c'est moins ici contre les hommes qu'il faut agir, que contre la terre même qu'ils doivent élever; si en effet par l'action des eaux les travailleurs ne peuvent plus creuser le sol et élever la terre avec des pelles pour en former des parapets, une volée de mitraille sera ensuite pour eux bien plus redoutable, s'ils ne sont pas couverts, qu'une projection d'eau. Ces projections ne doivent être considérées que comme un moyen de porter l'eau dans les réservoirs que forment les tranchées, où des tuyaux continus ne pourraient atteindre ; et, s'il était possible dans ce but de diriger sur l'assiégeant toutes les eaux d'un gros ruisseau ou d'une rivière, l'effet n'en serait que plus efficace et plus certain : la trop grande quantité d'eau mise en jeu ne peut donc pas être le sujet d'une objection réelle, mais plutôt le défaut contraire.

Quant à la nature de la force motrice à employer, elle ne peut être l'objet d'une discussion : la force de l'homme est évaluée par tous les auteurs à 111 ou 112 mètres cubes d'eau, à 1 mètre de haut dans une journée de 8 heures de travail effectif, ou au septième environ de la force d'un cheval ordinaire, qui, lui-même, n'équivaut, comme on l'a déjà dit, qu'au neuvième de l'effet continu d'un cheval de vapeur. D'après ces données, on peut calculer combien il faudrait d'hommes pour produire le même effet que 2 ou 3 machines de 12 chevaux, qui chasseraient l'eau dans une même conduite ; la garnison entière d'une place suffirait à peine pour ce seul service, en supposant d'ailleurs qu'il fût possible de développer l'action d'un aussi grand nombre d'hommes agissant à la fois.

Si le vent est violent, et qu'il souffle toujours en sens opposé du jet, il serait un obstacle à ce moyen de défense ; car l'eau est alors presque entièrement dispersée, et se réduit en grande partie en un brouillard épais, surtout si on cherche à lui imprimer la vitesse correspondante au *maximum* de portée. Lorsque le vent souffle perpendiculairement à la trajectoire, il l'entraîne, et il faut la ramener continuellement sur le point à battre, au moyen d'un tuyau mobile. Le vent est au contraire très-favorable à la portée, s'il agit dans le même sens que le jet ; mais par un temps calme on ne peut guère compter que sur une portée de 40 mètres, qui peut aller jusqu'à 50, si la masse d'eau est aussi considérable que celle du jet d'eau de Saint-Cloud.

Une amplitude plus grande serait sans doute préférable pour atteindre de plus loin les travaux de l'ennemi ; telle qu'elle est, cependant, elle paraîtra encore suffisante, si l'on fait attention que la défense du fossé et de l'escarpe ne commence réellement que sur les glacis ; et, à cette période du siége, les armes de l'assiégé n'ont pas besoin d'une grande portée ; c'est ainsi que le jet de la grenade, qui n'excède pas 13 à 14 toises, peut encore être très-utile. Il ne sera même pas toujours nécessaire de donner aux projections d'eau le maximum d'amplitude ou de vitesse initiale pour qu'elles agissent efficacement (1) ; et ce serait un très-grand avantage,

---

(1) On a vu dans plusieurs siéges les sapeurs assiégeans et as-

puisque la même force motrice pourrait lancer une plus grande masse d'eau.

Enfin, au lieu de projeter l'eau, il suffira souvent de la déverser sur la crête des glacis pour imbiber le sol et inonder les tranchées, problème qui rentre dans le cas général de l'élévation de l'eau dans un réservoir.

Supposons, par exemple, que l'assiégeant, ayant embrassé dans son attaque un bastion et les deux demi-lunes collatérales, soit arrivé à la troisième parallèle, le relief de cette parallèle et celui des glacis des demi-lunes formeront un bassin naturel que l'assiégé pourra remplir d'eau afin de rendre impraticable tout ce bassin.

Souvent les eaux, quoique dirigées sur les cheminemens les plus avancés, pourront ensuite en s'écoulant avoir action sur ceux qui se trouvent en arrière, et, suivant la nature du terrain, la configuration du sol, la plus ou moins grande quantité d'eau qu'on pourra déverser, rendre ainsi toutes les communications impraticables. Peut-être, enfin, pour mieux imbiber le sol et s'opposer au creusement des tranchées, conviendra-t-il quelquefois d'employer les petits canaux souterrains de La Jomarière, les rigoles à la surface du sol proposées par Darçon, ou enfin labourer les glacis au

---

siégés, s'approcher d'assez près pour se disputer avec les crochets de sape les gabions des tranchées.

moment du siége pour les rendre plus perméables à l'eau.

Selon la disposition des ouvrages à défendre et la largeur de leurs fossés, on pourra quelquefois diriger l'eau de l'intérieur même de ces ouvrages dans le couronnement du chemin couvert et dans les batteries de brèche. Les brèches elles-mêmes peuvent être rendues impraticables en y déversant des masses d'eau considérables qui, entraînant les terres meurtries de leurs talus, n'y laisseraient bientôt que des blocs informes de maçonnerie difficiles à gravir, et à leur pied un cloaque presque infranchissable.

Tous ces moyens de mettre l'eau en jeu peuvent offrir quelque avantage : selon les localités et les circonstances de la défense, l'assiégé verra quel est le meilleur moyen de disputer la terre dont l'ennemi doit se couvrir pour arriver jusqu'à lui.

Quant aux dispositions accessoires à employer pour mettre les eaux en jeu dans la défense, on peut supposer qu'on aurait disposé à l'avance sur chaque front d'attaque une casemate ou un blindage, au centre de la courtine ou à la gorge de la demi-lune, avec un puisard alimenté d'une manière quelconque ; et qu'au moment du besoin on y conduirait une ou deux machines à vapeur : trois files de tuyaux partant de cette casemate seraient dirigés au fond du fossé ; l'une en capitale de la demi-lune, et les deux autres le long de la contrescarpe jusqu'aux saillans des bastions. L'eau ainsi amenée dans toutes les places.

d'armes du chemin couvert serait ensuite dirigée
sur les points à battre au moyen d'un tuyau flexible
terminé par un ajutage. On peut former les conduits
en tôle de cuivre pour en faciliter la pose, et les
disposer par travées de 20 à 30 pieds selon leur
poids : un petit blindage suffirait pour les abriter.

Il est difficile de prévoir où pourrait s'arrêter l'influence d'un tel moyen de défense, pour peu que
la nature du sol lui soit favorable. L'histoire des
siéges montre en effet quels obstacles les pluies ont
opposés quelquefois à la marche des attaques.

On voit, par exemple, qu'au siége du Quesnoy, fait
par les Français en 1794, il a fallu sept jours pour construire la deuxième parallèle par suite de pluies abondantes qui avaient inondé les tranchées ; et, le mauvais temps ayant continué, on cessa les travaux, et
les deux partis restèrent deux jours dans l'inaction.

« Le 6 août, dit la relation de M. le général Marescot,
» on travaille à la deuxième parallèle commencée dès la
» nuit du 1er., et que la pluie avait inondée. Le mauvais
» temps continue : un grand nombre de travailleurs
» sont employés à couper des bois pour accommoder
» les tranchées et les communications qui commencent
» à devenir impraticables ; mais les voitures man-
» quent pour transporter ces bois ; l'artillerie éprouve
» les plus grandes difficultés pour la manœuvre, les
» transports et l'approvisionnement de ses batteries.

» Le 7, on prolonge pendant la nuit la deuxième
» parallèle.... ; on continue à enlever, des tranchées,
» l'eau et la boue qui les rendent inhabitables.

» Le 8 , on emploie la nuit à perfectionner la
» deuxième parallèle... Pendant toute la journée ,
» le temps est mauvais à un tel excès , que tout
» travail est forcément suspendu : les batteries
» cessent de tirer ; les assiégeans et les assié-
» gés gardent le silence. Les tranchées sont im-
» praticables , le soldat est dans la boue jusqu'aux
» genoux. Les canons , les voitures d'artillerie res-
» tent çà et là embourbés. Les bois coupés pour
» consolider les tranchées n'ont pu être amenés ,
» parce que l'artillerie a distrait pour son service
» particulier les voitures destinées à ce transport.

   » Le 9, la nuit et le jour se passent à peu près d'une
» manière aussi désagréable. Cependant, sur le soir ,
» le mauvais temps devenant un peu moins affreux,
» nos batteries se raniment un peu ; la place ne leur
» répond que faiblement.

   » Le 10, on débouche pendant la nuit à la sape vo-
» lante de trois endroits de la deuxième parallèle et
» sur les trois capitales.... On continue à enlever
» l'eau et la boue qui abondent dans la tranchée , le
» temps paraît se rétablir ; nous tirons fort peu , la
» place tire encore moins. »

   Le siége de Valenciennes , par les Autrichiens et
les Anglais en 1793 , présente des résultats non
moins remarquables. La deuxième parallèle , commencée dans la nuit du 18 juin , n'était pas achevée
le 21 , par suite de la pluie continuelle qui inondait
les tranchées , et ce n'est que le 27 qu'on acheva les
batteries commencées dans cette parallèle.

« Le 19 juin, dit la relation du général baron de Wur-
» temberg, commandant l'artillerie autrichienne du
» siége(1), la première parallèle était finie et armée de
» plusieurs batteries ; il plut beaucoup ce jour-là et la
» nuit suivante, ce qui fit diminuer et cesser même
» le travail sur le soir, ainsi que le feu de part et
» d'autre. Mais le temps s'étant un peu remis dans
» la nuit, on continua à bombarder la ville.... Déjà,
» la nuit précédente, les ingénieurs avaient débou-
» ché en quatre endroits de la première parallèle
» en s'avançant en zig-zag. On finit cette nuit une
» partie de la deuxième parallèle en profitant d'un
» chemin creux...

» Le 20, le feu recommença de bonne heure...

» Le 21, malgré le mauvais temps, la pluie con-
» tinuelle et la boue, les ingénieurs firent travailler
» partout avec la plus grande activité à la deuxième
» parallèle, qui fut presque entièrement achevée...
» On construisit plusieurs batteries;... l'artillerie con-
» tinuait son feu avec violence ; on avait cependant
» toutes les peines du monde à fournir les munitions
» aux batteries ; les hommes et les chevaux ne pou-
» vaient presque pas passer dans la tranchée par
» rapport à la boue.

» Le 23, on commence de construire 4 contre-
» batteries dans la deuxième parallèle, mais elles
» exigent beaucoup de travail.

_____

(1) Cette relation a été traduite de l'allemand, par M. le chef
de bataillon du génie, Souhait.

» Le 24 au matin, ces 4 contre-batteries n'étaient
» pas achevées : on arrangea tout de façon que la
» nuit suivante les pièces et les munitions fussent
» portées dans les autres batteries de la deuxième
» parallèle, afin de commencer le feu général le
» lendemain matin; mais la pluie abondante qui
» tomba dans l'après-midi arrêta tout, et empêcha
» même de finir les 4 contre-batteries.

» Le 25, les 4 contre-batteries étaient en état de
» recevoir les pièces, quoique les embrasures ne
» dussent s'achever que la nuit, on conduisit donc
» ce soir les 32 pièces de 24 dans la tranchée;
» mais, à cause de la pluie qui recommença et de la
» boue qu'il faisait, on ne put, malgré toutes les
» peines qu'on se donna, en mettre plus de 8 en
» batteries; les autres restèrent dans la tranchée,
» qui heureusement se trouvait assez large pour que
» le passage n'en fût pas gêné...

» Le 26, il fallut faire les plus grands efforts pour
» retirer de la tranchée et conduire dans les batte-
» ries les pièces de 24 qui étaient fort engagées dans
» la boue; ne pouvant pas y employer des chevaux,
» on mit jusqu'à 200 hommes après une seule pièce,
» pour en venir à bout : par bonheur l'ennemi ne
» tirait pas beaucoup... Après que les 32 pièces de
» 24 eurent été mises en batterie, on y transporta
» avec bien des peines les munitions.

» Le 27, toutes nos batteries furent en état de
» tirer. Dans la nuit suivante, les ingénieurs se pré-
» paraient à déboucher de la deuxième parallèle par

» quatre sapes, et à s'approcher du glacis pour en
» venir à la troisième parallèle ; mais la pluie ayant
» repris sur le soir avec beaucoup de violence, on
» n'entreprit rien. L'artillerie eut bien des peines à
» porter aux batteries la quantité de munitions né-
» cessaires, ce qui ralentit beaucoup le feu de la
» nuit...

 » Le 28, la pluie ayant cessé, le feu de nos bat-
» teries recommença. »

 Au siége de Lérida par les Français, en 1810, les
eaux opposèrent aussi de grands obstacles aux travaux d'attaque ; ce n'est que huit jours après l'ouverture de la première parallèle que les batteries qui y
furent construites purent entrer en action, et deux
jours plus tard qu'on ouvrit la deuxième parallèle.

 « Il plut beaucoup pendant les journées des 26
» et 27 avril, dit la relation de M. le lieutenant
» général Haxo, les chemins en furent tellement
» gâtés, que les convois d'artillerie n'arrivaient qu'a-
» vec peine au camp : cela obligea de remettre au 29
» l'ouverture de la tranchée. On travailla en atten-
» dant à fermer les canaux d'irrigation qui se diri-
» geaient vers la ville, et dont les eaux inondaient
» les terrains sur lesquels les attaques devaient être
» conduites. Cette opération ne réussit pas complé-
» tement, comme on le verra.

 » Le 29, à l'entrée de la nuit, tout se trouva prêt
» pour l'ouverture de la tranchée devant les fronts de
» la citadelle compris entre la porte de la Madeleine
» et le Haut-Sègre...

» Le 1er. mai, la première parallèle était ache-
» vée... On continua à travailler aux batteries... On
» perfectionna les communications entreprises en
» arrière de la parallèle. A deux heures après midi,
» un orage, accompagné d'une pluie abondante, in-
» terrompit entièrement le travail. La moitié de la
» parallèle, entre les batteries de canon et la batte-
» rie de morties, devint impraticable, ainsi que la
» communication de la droite : on y avait de l'eau
» jusqu'à la ceinture. Il avait été impossible de
» prévenir cette inondation, parce qu'elle était
» causée par le gonflement des ruisseaux qui por-
» taient au Sègre les eaux de la campagne ; il fallait
» bien que la parallèle les traversât, mais on au-
» rait pu y soustraire la communication de droite,
» en évitant de la tracer dans la partie basse du
» terrain.

» Le 2 mai, les tranchées étaient tellement inon-
» dées, qu'il semblait qu'on serait obligé d'en aban-
» donner une partie. On travailla sans relâche à en
» faire écouler les eaux. On établit pour cela un
» pont sur chevalets sous le parapet de la parallèle
» à l'endroit où elle traversait le ruisseau principal,
» qu'il était impossible de détourner, et au courant
» duquel on réunit tous les autres..... On s'occupait
» de perfectionner les ouvrages entrepris, et on es-
» pérait être bientôt débarrassé des eaux, lorsqu'un
» second orage inonda de nouveau les tranchées et
» les rendit impraticables.

» Le 3 mai, on perfectionna les ouvrages entre-

» pris ; le beau temps était revenu , le soleil dessé-
» chait les boues de la tranchée......

» Le 6 mai , au cheminement de la Madeleine, on
» fit deux petits boyaux pour éviter le fond maré-
» cageux où l'on n'avait pu se couvrir... La nuit noire
» et la pluie favorisaient les approches, mais retar-
» daient les travaux de l'artillerie, dont les batteries
» auraient déjà dû se faire entendre depuis plu-
» sieurs jours..... L'artillerie acheva cette nuit d'ar-
» mer les quatre batteries construites dans la paral-
» lèle ; deux pièces de 16 y demeurèrent embour-
» bées et furent remplacées par deux mortiers.

» Le 7, à cinq heures du matin , les quatre bat-
» teries commencèrent leur feu.....

» Le 8 , la pluie recommença avec plus de force
» que jamais, et dura toute la nuit ; les tranchées
» furent de nouveau inondées et devinrent imprati-
» cables, en sorte qu'il fut impossible de tirer de la
» parallèle les deux pièces de 16 qui y étaient em-
» bourbées.... La pluie, continuant encore pendant
» toute la journée, rendit inutile tous les travaux
» entrepris pour rendre les tranchées praticables.

» Le 9, on refit en entier le pont sur lequel le
» parapet du sixième boyau traversait le ruisseau
» et que l'assiégé avait détruit à coups de canon;....
» le beau temps était revenu. »

Les pluies abondantes qui eurent lieu l'année
dernière au camp de Saint-Omer, ont montré aussi
quelle influence peuvent avoir les eaux pour retarder les travaux d'attaque.

« On ouvrit la tranchée contre le fort d'Euringhem,
» la nuit du 4 au 5 août, écrivait un officier du
» génie employé sur les lieux ; les soldats travail-
» lèrent d'abord avec ardeur ; mais la pluie ayant
» commencé à tomber, leur zèle se ralentit à me-
» sure qu'elle tombait avec plus de violence ; ils eu-
» rent bientôt de l'eau presque jusqu'à mi-jambe, et
» n'élevaient avec leurs pelles qu'une boue liquide
» qui s'écoulait à mesure qu'ils en formaient le pa-
» rapet. A deux heures du matin, la tranchée n'était
» plus tenable ; les travailleurs se retirèrent sur le
» revers de la parallèle pour attendre le jour ; on n'é-
» tait couvert nulle part.

» Cependant, on devait lever le camp au mois de
» septembre, et on avait peu de temps à donner au
» simulacre de siège : il fallut donc travailler avec
» activité ; on se décida alors à faire abstraction des
» feux de la place pour ouvrir à découvert plusieurs
» rigoles dans les directions où il était possible de
» faire écouler les eaux. Ce travail dura trois jours,
» et ce n'est que le 8 qu'on put rentrer dans la pa-
» rallèle pour continuer la marche régulière des
» cheminemens ; mais bientôt la pluie ayant recom-
» mencé à tomber, la seconde parallèle devint im-
» praticable, il fallut l'abandonner et employer deux
» jours pour en faire écouler les eaux. La troisième
» parallèle fut également inondée plusieurs fois, et
» on ne put la rendre à peu près praticable qu'en
» donnant aux canaux de desséchement une très-
» grande profondeur ; on y enfonçait dans la boue

» jusqu'à mi-jambe ; les officiers et sous-officiers se
» tenaient sur le revers de la tranchée pour ne pas
» s'embourber ; on fut obligé de renoncer à la sape
» pleine pour marcher à la sape volante.

» Les cheminemens sur les glacis offrirent encore
» plus de difficulté ; les parapets, formés de boue,
» s'écoulaient dans la tranchée ou s'affaissaient sous
» leur propre poids ; il fallut refaire plusieurs fois
» des portions entières de logemens , et y prodiguer
» les fascines ; ce ne fut qu'avec la plus grande dif-
» ficulté qu'on parvint à donner aux gabions assez
» de stabilité pour qu'ils ne fussent pas renversés dans
» la tranchée.

» Pendant tout le temps des travaux, il y eut
» environ 200 travailleurs employés constamment
» à parcourir les tranchées pour faire écouler les
» eaux , et réparer les parapets ; malgré cette pré-
» caution et un grand nombre de fascines que l'on
» avait déposées au fond des tranchées , on n'a jamais
» pu y faire passer les détachemens armés , ni même
» les travailleurs ; les uns et les autres se rendaient
» à leur destination à découvert des feux de la place.
» L'artillerie n'a pu être conduite dans les batteries
» que de la même manière, et plusieurs pièces sont
» restées long-temps embourbées dans leur trajet.

» Enfin, ce siége ne put avoir lieu que parce qu'il
» fallait terminer d'une manière quelconque la tâche
» imposée aux troupes , et il est bien reconnu qu'il
» eût été matériellement impossible en présence de
» l'ennemi. »

Ces exemples suffisent pour montrer quels avantages on peut retirer de l'action des eaux pour retarder la marche des chéminemens dans un siége.
Ce n'est qu'en creusant le sol que l'assiégeant peut
arriver à couvert au pied des murailles qu'il doit
ouvrir; la vitesse de sa marche dépend de l'avancement des 3 ou 4 têtes de sape, où les progrès du
premier sapeur règlent tout le travail; ce sapeur,
courbé sous le poids d'un pot en tête et d'une cui-
rasse, est obligé de ramper à genoux, et dans cette
situation pénible peut à peine se servir de ses bras;
quelles circonstances plus favorables à l'assiégé
pour lutter avec succès contre de tels travaux!

Action de l'eau contre les mines.

L'art des mines peut changer entièrement de face
si on y mêle le jeu des eaux; jusqu'à présent, ce
n'est que par d'autres mines que l'on a cherché à
combattre celles de l'assiégeant; il paraît plus simple
encore, et d'un effet plus certain, de les éteindre par
les eaux; et en effet, dès qu'un entonnoir de mine ou
une galerie vient à être submergée, il est impossible d'en faire usage. Aussitôt que l'assiégé aperce-
vra un puits de mine, une descente souterraine à sa
portée, il cherchera donc à y diriger les eaux, soit par
projection, soit par épanchement; si l'un de ces deux
moyens ne peut lui réussir, il essaiera de faire sortir
quelques hommes, qui, déroulant rapidement un
tuyau léger en toile ou en cuir, porteront l'une des

extrémités dans le puits de mine, tandis que l'autre restera fixée à la conduite nourricière ; en moins de cinq minutes l'appareil le plus complet de mine peut ainsi être annulé. De la même manière, si quelques galeries de la place doivent être abandonnées par une cause quelconque, on peut les rendre impraticables en les remplissant d'eau ; et tous les travaux de l'ennemi, pour s'en rendre.maître, tourneraient aussitôt contre lui en donnant issue aux eaux dans ses galeries.

La submersion des entonnoirs à la surface du sol peut encore donner lieu à de plus grands résultats ; dans l'état actuel de l'art des mines, l'assiégé doit éviter de former lui-même des entonnoirs, puisqu'ils offriraient à l'ennemi des couverts avantageux pour entrer aussitôt en galerie ou cheminer plus rapidement à la surface du sol ; mais si l'assiégé peut disposer des eaux, et que ses galeries soient formées d'une maçonnerie imperméable, il lui devient au contraire avantageux de couper autant que possible les glacis par des entonnoirs qui, tantôt secs, tantôt remplis d'eau à volonté, transformeraient en dernier résultat le glacis en un bourbier inextricable pour l'ennemi.

Ce n'est au reste que par des expériences continues et variées qu'on parviendra à établir la valeur de toutes ces chicanes, en agissant avec des masses d'eau assez grandes, et en faisant les essais dans des terrains de diverses natures : notre but n'est ici que de montrer combien peut être fécond l'em-

ploi des eaux dans la défense, et d'éveiller l'attention sur un moyen jusqu'à présent si négligé. C'é-
tait pour faire ces expériences, et toutes celles auxquelles peut donner lieu l'emploi des machines à
vapeur dans les places, que le ministre de la guerre
avait ordonné l'exécution du projet de machine que
nous avons présenté ; il est fâcheux que des raisons
d'économie aient empêché de faire à cette machine
les réparations qu'exigeaient ses défauts de construction.

§ III.

EMPLOI DES MACHINES A VAPEUR POUR LES TRAVAUX DES PLACES.

Ce n'est pas seulement en agissant contre les travaux de l'ennemi que les machines à vapeur peuvent être utiles dans les places ; elles offrent encore d'immenses ressources pour l'exécution des
travaux de fortification, en fournissant un moteur
des plus puissans, très-commode à employer, et
beaucoup plus économique que la force des hommes
et des chevaux, la plus chère de toutes, et la seule
dont on puisse ordinairement disposer. Les machines mobiles facilitent surtout cet emploi, puisqu'elles pourront agir tantôt sur un point, tantôt
sur un autre, et varier même de position sur chaque atelier, de manière à satisfaire ainsi à tous les
besoins. Pour cette nouvelle application, il ne se-

6

rait pas toujours nécessaire d'utiliser toute la force d'une machine de douze chevaux ; mais, en faisant varier la tension de la vapeur et la vitesse de la machine, on peut, selon les besoins, réduire cette force à une fraction déterminée, comme un, deux ou trois chevaux ; il serait possible, d'ailleurs, si on le juge convenable, d'avoir des machines d'un calibre moins fort, afin de les rendre plus légères, plus mobiles et plus commodes à employer.

Épuisemens.

Les travaux d'épuisement occasionent souvent des dépenses considérables dans les places. C'est en contre-bas des fossés, déjà creusés profondément au-dessous du sol, que l'on est obligé de fonder les murs de revêtement des ouvrages : or, il est rare qu'à une telle profondeur on ne rencontre pas des sources abondantes qu'il faille tarir par des machines. La construction des écluses, digues, barrages et autres travaux relatifs aux manœuvres d'eau, donnent lieu à des épuisemens plus grands encore (1). Il est donc intéressant d'évaluer quelle

---

(1) Lors de la construction du fort carré à Wesel, il y eut pendant long-temps 18 chapelets en activité. Aux épuisemens du pont éclusé, sur le Tanaro, à Alexandrie, on a employé jusqu'à 500 hommes jour et nuit, ce qui représente une force capable de faire mouvoir environ 120 chapelets ou machines équivalentes.

économie il peut résulter pour les épuisemens de l'emploi des machines à vapeur comparées aux machines en usage.

Le chapelet vertical, mu à bras d'hommes, est depuis long-temps la machine hydraulique la plus généralement employée dans les travaux, comme la plus simple, la plus facile à réparer, et celle qui occupe le moins de place sur les ateliers ; elle donne d'ailleurs un aussi bon produit que la plupart des autres machines destinées à l'élévation de l'eau et manœuvrées par des hommes, telles que les vis d'Archimède, les pompes, etc. Or, d'après les expériences faites par Peronnet au pont de Neuilly et au pont d'Orléans, et celles auxquelles ont donné lieu les travaux de Wesel, il est reconnu qu'un chapelet vertical de 15 à 18 pieds de hauteur, mu par quatre hommes, se relevant toutes les deux heures, ou douze hommes pour le service continu, peut élever, terme moyen, 1.400 mètres cubes d'eau à 1 mèt. de haut en vingt-quatre heures. Le prix d'achat de la machine est de 500 fr., et les frais de réparations sont de 20 fr. environ par jour ; la journée de manœuvre étant payée 1 fr. 75 c., et l'intérêt du capital devant être compté à raison de 10 p. $\frac{0}{0}$ par an, pour tenir compte de l'usure de la machine, la dépense d'un chapelet vertical peut être évaluée, par journée de travail, à 42 fr. : ce qui porte à 3 centimes le prix du mètre cube d'eau épuisé à 1 mètre de haut.

Si on suppose maintenant qu'une machine à va-

6.'

peur mobile travaille douze heures sur vingt-quatre, avec une force de six chevaux, son produit serait de $265 \times 6 \times 12 = 19.080$ mèt. cubes d'eau à 1 mètre de haut, c'est-à-dire égale à celui de 13 chapelets mus par 136 hommes travaillant jour et nuit.

La dépense de la machine à vapeur peut s'établir ainsi :

Par an.

Intérêt d'un capital de 25.000 fr., valeur de la machine, à raison de 10 p. % pour tenir compte de l'usure. . . . . -	2.500 fr.
Idem, pour un capital de 1.500 fr , pour tuyaux de conduite.	150
Frais d'entretien de la machine estimés à raison de 2 p. %.	500
Huile, graisse, etc.	50
Frais imprévus.	200
Total par an.	3.400 fr.

Par jour.

Dépense de la machine, en comptant sur une campagne de 6 mois, ou 150 journées environ de travail effectif.	22 fr.	66 c.
576 kil. de charbon, à raison de 8 kil. par cheval et par heure, à 25 fr. les 1.000 kil. (1). . . .	14	40
1 journée de chauffeur mécanicien.	3	00
1 aide.	1	50
Menus frais.	2	00
Total par jour.	43 fr.	56 c.

(1) C'est le prix qu'il coûte dans toutes les villes de France, situées à 25 lieues des mines ; ce qui porte la voie de 15 hectolitres, pesant chacune 80 kil. à 30 francs. (Essai sur la construction des routes, par M. Cordier.)

Pour ce prix, on aurait donc le même résultat qu'avec treize chapelets, qui exigeraient une dépense de 520 fr., c'est plus de 90 pour $\frac{o}{o}$ d'économie : la dépense du mètre cube d'eau ainsi épuisé à 1 mèt. de haut, serait de $\frac{22}{100}$ de centimes, au lieu de 3 cent. qu'elle est avec les chapelets. En moins de deux mois de travaux on aurait gagné le prix de la machine à vapeur.

L'avantage ne serait guère moindre si on ne travaille qu'avec une force de 4 à 5 chevaux ; et même avec une petite machine de la force d'un cheval, suffisante pour faire en douze heures l'ouvrage de deux chapelets agissant d'une manière continue, l'économie serait encore de 70 à 80 p. $\frac{o}{o}$.

La machine à vapeur occuperait d'ailleurs moins de place sur les ateliers que des chapelets, et offrirait l'immense avantage de donner une très-grande latitude de force pour se rendre maître des eaux dans le cas où il se mainfesterait de nouvelles sources dans les fouilles, ou quelques avaries dans les batardeaux.

Transport des déblais.

· L'application des machines à vapeur aux déblais fournit encore des résultats extrêmement remarquables : ces machines, déjà employées avec succès à l'extraction du minerai et au curage des ports, des canaux et des rivières, peuvent aussi être utilisées pour toute espèce de déblais : on en retirerait surtout un très-grand avantage pour la construction des ouvrages de fortification ; car peu de travaux exigent des mouvemens de terre aussi considérables ; l'établissement d'un seul front de fortification peut donner lieu au déblai de 2 à 300.000 mèt. cubes de terre à 5 , 6 , et jusqu'à 10 mèt. de hauteur, en sorte que la moindre réduction dans le prix du mètre cube en apporterait aussitôt une très-grande dans le montant total de la dépense.

La machine à vapeur peut être employée à faire mouvoir une drague à chapelet disposée comme celle dont Perronet fit usage dans les travaux du pont d'Orléans, et que Cessart employa pour la construction de l'écluse de Dieppe ; c'est aussi selon ce mode que sont construites les nouvelles machines à curer, dites à l'anglaise.

Dans ces machines, deux chaînes sans fin et parallèles portent des hottes en tôle qui détachent la terre au moyen d'un bec saillant et tranchant, et l'enlèvent ensuite par un mouvement continu jusqu'au sommet du chapelet, où elles la déversent dans un auget.

Ici, pour rendre l'appareil moins lourd et susceptible d'être mobilisé sur tous les points d'un atelier, nous supposerons que la terre soit piochée à bras d'hommes, et amenée horizontalement au pied de la machine dans un trou entretenu constamment plein , au moyen de camions conduits par des hommes ou traînés par la machine ; les hottes se chargeront alors d'elles-mêmes et sans effort ; l'auget

qui recevra la terre au sommet du chapelet sera
terminé par plusieurs branches inclinées, de manière
à la distribuer à des ateliers de camions ou de tom-
beraux, qui achèveront de la conduire jusqu'au point
du remblai ; une espèce de vantelle, placée à l'extrémité de chacune de ces branches, permettra de
laisser couler la terre ou de l'arrêter à volonté. Il
sera facile, dans chaque cas particulier, de régler les
points de charge et de décharge, de manière à perdre le moins possible sur la hauteur à franchir ; on
fera varier en conséquence le développement du
chapelet, ainsi que la distance et le nombre des
hottes.

Cette machine ne différerait donc essentiellement
des dragues ordinaires à mouvement de rotation
continu, qu'en ce qu'elle prendrait la terre toute
piochée, au lieu d'en faire elle-même le déblai ; ce
qui permet de la rendre beaucoup plus légère, et de
l'établir dans une petite tourelle en charpente montée sur des rouleaux, afin de la changer à volonté de
position dans le fossé, le long de l'escarpe ou de la
contrescarpe ; il ne faudrait aussi qu'une force motrice assez faible pour la faire agir (1).

_____

(1) Une machine semblable est employée en Angleterre par
M. Brunel, pour les travaux du passage voûté sous la Tamise.
« Sur la plate-forme du puits qui descend à ce passage, dit
« M. Schilk, dans son rapport à l'institut sur ces travaux, on a
» établi une machine à vapeur de la force de 36 chevaux, qui met
» en mouvement une chaîne d'augets, jouant le rôle d'une ma-

Supposons que les hottes aient chacune une con-
tenance de 32 litres (1 pied cube), et qu'on en place
deux rangs sur le chapelet, afin de faire varier plus
facilement, d'après la hauteur à franchir, la charge
qu'aurait à supporter ce chapelet; enfin, qu'elles
soient espacées de 0^m,65 (2 pieds) sur la longueur
des chaînes.

On peut admettre pour cette machine une vitesse
d'environ 10 mètres par minute, ou qu'elle donne
15 versemens des hottes dans le même temps ; cette
vitesse ne serait guère que la moitié de celle qui
a lieu ordinairement dans le transport vertical des
terres au moyen du bourriquet, et dans les dragues
à vapeur, à mouvement de rotation continu (1).
Un chapelet pourrait donc élever ainsi environ 60
mètres cubes de terre dans une heure.

» chine à draguer, qui puise la terre creusée par les ouvriers, et
» l'enlève pour la porter à la surface.... L'avancement de la gale-
» rie est de 2 pieds en 24 heures ; par la construction de ces deux
» pieds, on enlève de 90 à 100 tonneaux (90 à 100.000 kil.) de
» terre.... Le profit du déblai est de 37 pieds sur 22. »

Plusieurs ouvrages ont parlé aussi de cette machine qui tire
horizontalement du fond de la galerie, sur une longueur de
plus de 100 mètres, de petits chariots chargés de terre, et l'élève
d'environ 20 mètres. Elle fait mouvoir en même temps les pompes
nécessaires aux épuisemens.

(1) Dans une machine semblable, établie sur la Seine, à Paris,
la roue qui porte les chaînes, et dont le diamètre est de 1 mètre, fait 6 révolutions par minute, et développe, par conséquent,
18 mètres courant dans le même temps.

Supposons que la hauteur à franchir soit de 10 mètres, et qu'il faille perdre 2 mètres sur la hauteur où les terres doivent être portées, afin d'opérer facilement la charge et la décharge des hottes ; la force motrice nécessaire pour faire mouvoir un chapelet devrait alors être capable d'un effet de 60 mètres cubes à 12 mètres de haut dans une heure ; or, un cheval de vapeur peut élever dans le même temps 265 mètres cubes d'eau à 1 mètre de haut ; et, comme le poids de la terre est moyennement une fois $\frac{1}{2}$ celui de l'eau, il n'élèverait donc que 176 mètres cubes de terre environ à la même hauteur, ou seulement 14 mètres cubes à 12 mètres de haut ; c'est-à-dire que, pour élever 60 mètres cubes à cette hauteur, produit d'un chapelet, il faudrait employer une force de 4 chevaux ; mais comme on doit supposer qu'un tiers environ de la force motrice sera absorbée par la transmission du mouvement de la machine à vapeur au chapelet, et les frottemens de cette seconde machine, il s'ensuit qu'il faut compter sur 6 chevaux environ au lieu de 4 pour faire mouvoir un chapelet.

Devis d'un chapelet à hottes.

800 kil. de fonte de fer tournée, pour roue et pièces d'engrenage, à 1 fr.	800 fr.
600 kil. de fer forgé de sujétion, pour chaînes, axes, boulons, étriers, etc., à 1 fr. 40 c.	850
50 kil. de fonte de cuivre pour crapaudines, à 2 fr. 50 c.	125
Total à reporter.	1.775 fr.

D'autre part. . . . 1.775 fr.

800 kil. de tôle de fer de 1 ligne ½ à 2 lignes d'é-
paisseur pour 80 hottes, pesant chacune 10 kil., à 1 fr. 800

4 mètres cubes de charpente en bois de sapin, avec
assemblage pour le support du chapelet, à 60 fr. . . . 240

2 mètres cubes de charpente en bois de chêne, avec
assemblage pour axes, rouleaux, etc., à 100. fr. . . . 200

12 mètres carrés de planches en chêne de 0^m, 04 d'é-
paisseur, pour augets et leurs conduits, à 7 fr. 84

Poulies et menues pièces. 150

Frais imprévus. 750

Total. . . . . 4.009 fr.

Supposons maintenant qu'on doive travailler avec
une force motrice de 12 chevaux, capable de faire
mouvoir deux chapelets à la fois ; la dépense totale
se composera de celle des chapelets et de la machine
à vapeur.

Dépense pour un chapelet.

Par an.

Intérêt d'un capital de 4.000 fr. à raison de 10 p. ⁰∕₀. 400 fr.

Frais d'entretien estimés à raison de 2 p. ⁰∕₀. . . . 160

Frais imprévus. 140

Total par an. . . . . 700 fr.

Par jour.

En comptant sur une campagne de 6 mois, ou
150 journées environ de travail effectif. . . . . 4 fr. 66 c.

1 journée de charpentier ou de serrurier à 2 fr. 50. 2 50

3 aides à 1 fr. 50. . . . . 4 50

Total par jour. . . . . . 11 fr. 66 c.

Dépense pour la machine à vapeur.

Par an.

Intérêt d'un capital de 25.000 fr. à raison de 10 p. %.	2.500 fr.
Frais d'entretien estimés à raison de 2 p. %.	500
Huile, graisse, etc.	50
Frais imprévus.	200
Total par an.	3.250 fr.

Par jour.

En comptant sur une campagne de 6 mois , ou 150 journées environ de travail effectif.	21 fr.	66 c.
1.152 kil. de charbon pour 12 heures de travail, à raison de 8 kil. par cheval et par heure, à 25 fr. les 1.000 kil.	28	80
1 journée de chauffeur mécanicien.	3	00
1 journée de manœuvre pour aide.	1	50
Menus frais.	2	00
Total par jour.	56 fr.	96 c.

Résultat.

Dépense pour la machine à vapeur. . .	56 fr.	96 c.
Idem pour deux chapelets.	23	32
Total par jour. . .	80 fr.	18 c.

Les machines élèveraient 120 mètres cubes de terre à 10 mètres de haut dans une heure, et dans une journée de 12 heures, 1.440 ; en réduisant ce nombre à 1.200 mètres cubes à la fouille, à cause du foisonnement qui est d'environ $\frac{1}{6}$; le prix du mètre cube de déblai pour le seul transport vertical à la vapeur serait donc de 0 fr. 066.

Or, d'après la nouvelle analyse modèle, le même transport pour 6 relais, à raison de $1^m,60$ de hauteur verticale par relai, reviendrait :

A la brouette, ... o fr. 648   (1).

Au camion. . . . . o   398

Au bourriquet à manége. . . . . o   272

Ainsi, le transport vertical à la vapeur offrirait donc, pour une hauteur de 10 mètres, une économie de 89 p. $\frac{0}{0}$ sur celui à la brouette qui est le plus généralement employé, de 83 p. $\frac{0}{0}$ sur celui au camion, et de 76 p. $\frac{0}{0}$ sur celui au bourriquet à manége, mu par des chevaux.

Dans les prix indiqués pour le transport à la brouette et au camion, ne sont pas compris les frais de construction et d'entretien des rampes en bois nécessaires au roulage, dépenses assez considérable qui seraient en moins pour le transport vertical à la vapeur. On doit encore observer qu'avec des rampes, la route que doivent suivre les brouettes ou les camions, est presque toujours déterminée par les localités ; il en résulte souvent qu'il faut payer à l'entrepreneur un nombre de relais plus grand que celui qu'exigerait rigoureusement la différence de niveau des centres de gravité des déblais et remblais, combinée avec la projection horizontale de la distance qui sépare ces centres.

---

(1) Au bordereau de Paris, ce prix est de 1 franc 68 c.

Quant au nombre de bras qu'économiserait le nouveau mode indiqué, il serait considérable, car un rouleur ne pouvant guère élever dans sa journée plus de 15 mètres cubes de terre par relai de 1^m, 60 de hauteur, pour 6 relais il faudrait donc employer 6 hommes par 15 mètres cubes, et pour 1.200, ouvrage de la machine, ce serait 480 hommes. De quel avantage ne serait pas un tel procédé dans des besoins pressans de défense, où l'on manquerait à la fois de temps et de bras !

Pour des hauteurs au-dessous de 10 mètres, l'économie, quoique un peu moindre, serait encore très-considérable. Supposons, par exemple, une hauteur de 5 mètres : en comptant comme ci-dessus sur une perte de 2 mètres dans le chargement et le déchargement des chapelets, il faudra donc porter les terres à 7 mètres de haut. On trouve alors qu'il faudrait une force de 7 chevaux pour faire agir deux chapelets ; la dépense du mètre cube de terre pour le seul transport vertical, serait de 0 fr. 57.

Or, le même transport pour 3 relais $\frac{1}{4}$, à raison de 1^m, 60 de hauteur par relais, reviendrait d'après l'analyse déjà citée :

A la brouette.	0 fr.	351
Au camion.	0	260
Au bourriquet à manége. .	0	253

Pour une hauteur de 5 mètres, le transport vertical à la vapeur, donnerait donc encore une économie de 83 p. $\frac{o}{o}$ sur celui à la brouette, et de 78 p. $\frac{o}{o}$ sur

celui fait au camion et au bourriquet à manége ;
ainsi, dans tous les cas, ce mode de transport offrirait une économie considérable.

Supposons, par exemple, que la construction d'un
front de fortification exige l'extraction de 250.000 m.
cubes de terre à une hauteur moyenne de 5 mètres,
ou 3 relais $\frac{1}{4}$, indépendamment de la distance horizontale à parcourir pour compléter le transport des
déblais à l'endroit des remblais, distance qu'on peut
supposer à peu près la même dans tous les cas ;
la dépense de ce travail, exécuté avec des brouettes,
mode de transport le plus en usage, serait, d'a-
près ce qui précède, d'environ 87.000 fr., tandis
qu'avec les machines à vapeur, elle ne serait que
de 14.250 fr. ; l'économie sur ce seul travail serait
d'environ 72.750 fr. ; or, la machine à vapeur et les
deux chapelets à hottes ne coûteraient que 33.000 fr.
Il en résulte qu'avant la moitié du travail on aurait
déjà gagné la valeur des machines.

L'intérêt du capital de la machine à vapeur entre
pour beaucoup dans le prix du transport des terres ;
il y aurait donc en général de l'avantage à utiliser
toute la force de cette machine ; mais, puisque pour
de petites hauteurs on n'en peut employer qu'une
fraction déterminée, il serait alors préférable, pour
retirer toute l'économie possible du transport vertical à la vapeur, d'avoir des machines d'un petit
calibre dont le prix serait moindre. Cependant,
comme dans les machines les premiers chevaux coûtent beaucoup plus cher que ceux qui les suivent,

il y aurait bientôt une limite dans la réduction de la force de la machine à employer, au-dessous de laquelle il ne serait plus avantageux de descendre. Une machine un peu forte donne d'ailleurs une plus grande latitude pour embrasser tous les cas qui peuvent se présenter, et, sous ce rapport, elle devient même d'un usage plus économique.

Débit des bois. — Battage des pilots.

Le débit des bois dans une place assiégée, exige souvent l'emploi d'une très-grande force ; ce n'est ordinairement que dans les forêts qu'on peut se procurer un approvisionnement de bois aussi considérable que celui nécessaire à la mise en état de défense d'une place ; les arbres arrivent en grume, tels qu'on vient de les abattre, et c'est ensuite à bras d'hommes qu'il faut les débiter, ce qui exige beaucoup de temps et d'ouvriers au moment où l'on doit en être le plus avare.

A Baïonne, lors du blocus de 1813, il y eut jusqu'à quatre-vingts ateliers de scieurs de long qui travaillèrent pendant plus d'un mois au débit des bois en approvisionnement ; plusieurs places offrent des exemples semblables : tandis que quelques lames de scie, mues par une machine à vapeur, peuvent faire tout ce travail. Les applications du sciage à la vapeur dans les chantiers de Portsmouth, en Angleterre, ne laissent d'ailleurs aucun doute sur l'avantage de ce procédé : on l'a pratiqué aussi

en France , dans quelques usines , et le vingtième
bulletin de la Société d'encouragement décrit une
machine d'une force de 6 chevaux qui fait mouvoir deux cadres et deux lames de scie, donnant
400 pieds carrés de surface de sciage en une heure ;
or , les meilleurs scieurs de long ne peuvent faire
que 10 pieds dans le même temps , d'où il résulte
qu'une scierie mécanique de 6 chevaux peut faire
l'ouvrage de quarante ateliers de scieurs de long,
ou de cent vingt hommes. Dans les deux cas , on ne
doit compter que sur la moitié du produit, à cause
du temps employé pour les remplacemens.

Une machine de 12 chevaux, affectée pendant
quelque temps au sciage des bois dans une place
assiégée , suffirait donc au delà de tous les besoins :
l'établissement d'un chariot et des cadres de scie
n'offre d'ailleurs aucune difficulté , et peut se faire
en très-peu de temps.

L'emploi d'une machine à vapeur ne serait pas
moins utile pour toutes les manœuvres de force
qu'exigent les grands travaux. Ainsi, dans la construction du pont Sainte-Maxence , Perronet fit usage
d'une roue à aubes, mue par le courant de la rivière,
qui mettait en action une roue à godets pour les épuisemens, et faisait agir en même temps deux mou-
tons à déclic du poids de 2.000 livres chacun ; il
employa encore la roue d'un moulin pour faire mouvoir deux autres machines semblables : « En sorte,
» dit cet ingénieur, que quand il y aura moyen
» d'établir de pareilles machines sur les rivières, et

» cela aura souvent lieu , on pourra battre tous les
» pilots de la fondation d'un pont, en n'y employant
» que trois hommes par sonnette ; et on pourra
» aussi, avec le même moteur, lever les pierres
» aux grues , comme on l'a également pratiqué au
» même pont de Sainte-Maxence. » On sait , d'ailleurs , quelle immense économie il peut résulter de
l'emploi des sonnettes à déclic sur les sonnettes ordinaires mues à bras d'hommes.

Les travaux du nouveau pont de Bordeaux ont
montré aussi quelles ressources on pouvait tirer d'un
moteur puissant sur un grand atelier. Comme Perronet , le savant ingénieur chargé de la direction
de ces travaux, n'a pas manqué de profiter du courant de la rivière pour toutes ses manœuvres de
force ; il l'utilisa encore pour la fabrication en grand
du mortier, ce qui produisit une économie considérable.

Une machine à vapeur mobile permet d'obtenir
ces avantages dans toute espèce de localité.

Mouture des grains.

La mouture des grains dans une place assiégée
offre souvent les plus grandes difficultés ; c'est plutôt en grain qu'en farine qu'on complète l'approvisionnement d'une place menacée d'un siége, parce
qu'il est beaucoup plus facile à faire, et qu'il se
conserve ensuite indéfiniment ; mais alors il faut
avoir sur les lieux de puissans moyens de mouture ;

7

et, comme il arrive presque toujours, si cet approvisionnement ne s'est fait qu'au dernier moment, il donne lieu à de grands travaux pendant le siége ; en effet, il ne faut pas moins de 6.666 quintaux métriques de grain pour l'approvisionnement d'une garnison de 6000 hommes pendant six mois (1) ; et si l'on compte les doubles rations pour les officiers, les bouches inutiles et une réserve pour les habitans, aux besoins desquels il faut bien pourvoir en définitif, si on ne veut pas qu'ils se tournent contre la garnison, il ne suffirait pas, dans beaucoup de cas, de doubler l'approvisionnement nécessaire aux soldats. Or, il est bien rare qu'on trouve dans une place forte assez de moulins pour un tel travail ; des chutes d'eau, une position favorable pour utiliser la force du vent, déterminent presque toujours leur emplacement hors de l'enceinte d'une ville, et la première opération de l'ennemi, dès qu'il s'en approche, est de s'emparer des moulins ; les défenseurs sont alors réduits à se servir de moulins à bras, bien faible ressource (2), ou à briser leurs grains en-

---

(1) On compte qu'un quintal métrique de grain peut donner 162 rations.

(2) Un bon moulin à bras mû par deux hommes, tel que celui de Durand, perfectionné, adopté en 1823 pour le service des troupes, ne peut donner, expérience faite, que 413 rations par 24 heures ; d'où il suit que, pour fournir à 6.000 bouches, il faudrait 15 moulins en activité, et 90 hommes pour un travail continu. Or, si ces moulins sont bien faits, et si il ne leur arrive au-

tre des pierres , comme on en trouve plusieurs exemples dans l'histoire des siéges ; c'est cependant d'une bonne mouture que dépend surtout la qualité du pain , base essentielle de la nourriture des soldats , qu'il importe surtout de soigner, pour les soutenir au milieu des privations et des fatigues de tout genre qui résultent pour eux de l'état de siége.

Mayence s'est rendue en 1793 faute de moulins ; l'ennemi avait arrêté ceux de la ville en détournant le Zahlbach, qui les faisait tourner, et onze autres

---

cun accident, ce qui est assez rare , ils ne peuvent moudre plus de 40 quintaux métriques de grain sans être hors de service; pour 6 mois il en faudrait donc 166, qu'on doit porter au moins à 200, à cause des remplacemens. Quelle place en contient jamais une telle quantité !

Ajoutez encore que dans ces moulins, la farine , se formant par l'incision du grain entre les dents métalliques d'une noix qui tourne dans un boisseau, ne se détache qu'imparfaitement du son, absorbe moins d'eau et donne beaucoup moins de pain , tandis que par le broiement du grain entre deux pierres, comme dans les moulins ordinaires , la farine se détache complètement, et se pulvérise davantage; combinée ensuite avec l'eau, elle lui présente plus de surface et en absorbe par conséquent une plus grande quantité, d'où il résulte une manutention plus prompte et des produits plus abondans. On estime que, pour cette dernière espèce de mouture, 200 livres de farine blutée à $\frac{1}{10}$ de son, peuvent donner 180 rations, tandis qu'avec la première on n'en obtient que 166, et encore d'une qualité inférieure ; c'est une différence de 8 pour $\frac{0}{0}$, économie importante pour l'approvisionnement d'un siége.

7.

moulins établis sur bateaux au-dessous du pont du Rhin furent détruits par le canon.

Le fort Vauban, sur le Rhin, s'est également rendu, en 1793, faute de moyens de mouture. « Il y » avait encore du blé en magasin, dit la relation de » M. le général du génie Chambarlhiac, mais il n'y » avait pas de farine suffisamment pour nourrir la gar- » nison deux fois vingt-quatre heures : on n'avait que » des moulins à bras, dont six n'étaient que des égru- » geoirs en forme de moulin à café, et deux autres » avec de très-petites meules ; ce qui produisait très- » peu de farine, exigeait beaucoup de bras depuis le » commencement du blocus, et ne fournissait pas la » cinquième partie de ce que pouvait consommer la » garnison, évaluée à 3600 hommes, auxquels il fal- » lait joindre 1200 habitans au moins, ce qui forme » un total de 4800 bouches à entretenir par jour. Il » n'était plus possible de subvenir au besoin de tant » de monde. »

A Glogau, pendant le blocus de 1813 et 1814, la garnison française, n'ayant aucun moyen de mou- ture, fut obligée de construire de toutes pièces un moulin à manége de 8 chevaux pour 2 paires de meules, 1 moulin à vent et 2 moulins à eau sur bateaux. Ces machines réussirent très-bien, et font sans doute l'éloge de l'industrie éclairée des ingénieurs qui en dirigèrent la construction ; mais serait-il prudent de compter toujours sur de tels efforts ? Il est d'ailleurs contraire à la défense de remettre à l'époque d'un siége l'exécution des travaux de cette nature, qui exigent beaucoup de temps, des ressources de toute espèce, et qui paralysent des bras et des moyens qu'il vaudrait mieux employer contre l'ennemi.

Les machines à vapeur mobiles permettront de résoudre ce problème important. Il est facile, en effet, à l'approche d'un siége, de démonter les moulins qui se trouvent aux environs d'une place pour les établir dans l'intérieur, et au moment du besoin les machines à vapeur les feront mouvoir. Dans les moulins dits à l'anglaise, une force de 4 chevaux suffit pour faire tourner, avec une vitesse de 120 tours par minute, une meule de 4 pieds de diamètre sur 8 à 10 pouces de hauteur, et faire agir encore tous les accessoires, tels que blutoirs, tarares, tire-sacs, etc. Leur produit est de 220 à 230 livres de farine en une heure; une machine de 12 chevaux, appliquée à 3 tournans, pourrait donc donner 16.560 livres de farine en 24 heures, ce qui suffirait pour 14.500 rations, c'est-à-dire, plus du double de ce qu'il faudrait par jour, pour une garnison de 6.000 hommes.

§ IV.

APPLICATIONS DES MACHINES A VAPEUR AUX BESOINS DES ARMÉES.

On peut tirer encore de grands avantages de quelques petites machines à vapeur d'une force de 5 ou 6 chevaux, traînées à la suite des armées, soit pour élever l'eau dans les fossés des ouvrages de campagne, soit pour moudre les grains (1).

Souvent il faut mettre en état de défense d'anciens postes fortifiés dont il ne reste que les masses de terre, ou des places du moment élevées par les troupes pour appuyer leurs opérations. Des palissades au fond du fossé et des fraises sur la berme, sont de bien faibles obstacles qui ne peuvent mettre des ouvrages en terre à l'abri d'un coup de main ; le meilleur moyen de suppléer à un mur de revêtement est sans contredit de mettre 6 pieds d'eau dans les fossés ; c'est ce qu'il est facile d'obtenir par les machines à vapeur. S'agit-il, par exemple, de remplir les fossés d'une place en terre de la valeur d'un décagone, en élevant l'eau d'une rivière voisine à 20 pieds de hauteur moyenne. La capacité des fossés exigerait environ 8.000.000 pieds cubes pour avoir une profondeur de 6 pieds d'eau. Or, une seule machine de 6 chevaux ne pouvant donner à une hauteur de 20 pieds que 172.000 pieds cubes par jour, il faudrait la faire travailler 48 jours, ou, ce qui vaudrait mieux, en avoir quatre pour terminer l'opération en moins de 12 jours. Une seule machine suffira ensuite pour remplacer les pertes occasionées par l'évaporation et les filtrations.

---

(1) Le poids d'une machine de 6 chevaux ne dépasserait pas celui des plus lourdes voitures d'artillerie de campagne.

Supposons encore qu'une armée, après avoir franchi un fleuve et élevé une tête de pont pour couvrir son passage, veuille mettre cet ouvrage hors d'insulte pour continuer ses opérations, en ne laissant que très-peu de troupes dans la tête de pont, de peur de s'affaiblir; les machines à vapeur en réserve au parc du génie seront employées à mettre 6 pieds d'eau dans les fossés. En supposant que ces fossés aient 300 toises de développement sur 5 toises de largeur moyenne, il faudrait 324.000 pieds cubes d'eau pour les remplir; si la hauteur à franchir est de 10 pieds, deux machines pourront élever cette masse d'eau en moins de 12 heures, et le général en chef pourra s'éloigner de son pont sans avoir à craindre qu'il lui soit enlevé.

Les machines à vapeur mobiles peuvent être encore extrêmement utiles aux armées pour la mouture des grains; on sait quelles difficultés présente souvent cette opération : la campagne de Pologne, en 1806, en offre un exemple frappant. Après la bataille d'Iéna, nos troupes victorieuses ayant franchi l'Oder, chassant devant elles les débris de l'armée prussienne, entrèrent en Pologne; le 28 novembre, elles arrivèrent sur la Vistule, où elles prirent leurs quartiers d'hiver; d'immenses travaux furent entrepris pour couvrir les ponts depuis Varsovie jusqu'à Thorn; les avant-postes s'étendaient sur les bords du Bug et de la Narew. Un corps d'armée était resté en Silésie pour faire le siége des places que nous avions laissées sur nos derrières dans notre marche rapide.

Dès notre entrée en Pologne la disette de pain s'était fait sentir, elle devint bien plus grande encore dans les cantonnemens. Le pays regorgeait de blé, mais on ne pouvait s'en servir faute de moulins; il n'en existait qu'un très-petit nombre que les Russes, fidèles à leur système de dévastation, avaient brûlés; nos troupes furent donc obligées de vivre comme les serfs que les seigneurs nourrissent de pommes-de-terre, et de sarrasin écrasé entre des pierres, préférant vendre le blé qu'ils récoltent; mais une dyssenterie générale fut bientôt le résultat d'une nourriture aussi malsaine; l'armée s'affaiblit beaucoup, et devint incapable de rien entreprendre. Ce ne fut guère qu'un mois après notre arrivée sur la Vistule que, le corps de Bernadotte ayant envahi les bords de la Baltique jusqu'à la Passarge, nous trouvâmes à Elbing, petite ville située à l'embouchure de l'un des bras de la Vistule, une immense quantité de riz qui remit un peu nos soldats.

Nous restâmes dans cette situation environ cinq mois, occupant une ligne de 80 lieues d'étendue afin de pouvoir subsister; et ce ne fut qu'au mois de juin 1807 que les deux armées, qui s'étaient mesurées à Pulstuck et à Eylau, sortirent définitivement de leurs cantonnemens pour reprendre les hostilités, qui se terminèrent par la paix de Tilsit.

Plusieurs campagnes offrent des exemples sem-

blables de disette faute de moulins ; malheureusement on n'a encore pu trouver aucun moyen d'y remédier ; et les Anglais eux-mêmes , malgré les soins
qu'ils prennent de leurs troupes , malgré le perfectionnement de leurs arts mécaniques , ne sont pas
plus avancés que nous sur cette question. Les moulins à bras sont d'une ressource trop faible et trop
précaire pour qu'on puisse y compter ; ceux qui furent
transportés inutilement à la suite de nos armées dans
les campagnes d'Espagne et de Russie ne confirment
que trop cette assertion. Peut-on d'ailleurs astreindre
le soldat, harassé par les marches et les fatigues de la
guerre , à un travail aussi long et aussi pénible que
la mouture des grains ; et n'est - il pas à craindre
que , fatigué d'un instrument qui n'est pas entièrement destiné à son usage personnel, et dont l'emploi n'est qu'accidentel , il ne s'en débarrasse à la
première occasion , et que le moulin , transporté
lorsqu'il était inutile , ne se trouve souvent perdu
au moment du besoin.

Les moulins ordinaires, à meules en pierre, sont
les seuls qui puissent remplir toutes les conditions,
mais il faut une grande force pour les faire mouvoir. Les machines à vapeur mobiles permettent
d'en faire usage ; il est facile en effet d'organiser sur
un chariot un moulin de l'espèce de ceux dits à
l'anglaise , dont les meules , d'un petit diamètre ,
mais animées d'une très-grande vitesse , donnent
un produit considérable. Une machine à vapeur
de 6 chevaux pourrait faire tourner deux moulins

semblables, puisqu'ici les manœuvres accessoires au moulin proprement dit sont inutiles. Le poids d'un de ces moulins serait d'environ 5.000 livres, ce qui ne dépasse pas la charge d'un ponton avec son haquet ; leur produit pouvant être de 230 livres de farine en une heure, comme pour les moulins fixes, deux moulins donneraient donc 10.000 rations environ par 24 heures. De quelle ressource ne serait pas un tel équipage à la suite des armées !

RÉSUMÉ.

On peut apprécier maintenant tous les services que peuvent rendre les machines à vapeur mobiles ; mises en jeu hors de l'enceinte d'une place, elles peuvent former des inondations dans des bassins naturels et artificiels, de manière à rendre inattaquables plusieurs fronts ; rentrées à l'intérieur, elles rempliront les fossés pour préparer toutes les manœuvres d'eau qu'on pourra faire contre les travaux de l'ennemi ; elles seront conduites près des moulins préparés pour opérer la mouture des grains en approvisionnement, près des scieries qui doivent débiter tous les bois nécessaires à la défense ; enfin, lorsque l'ennemi, ayant développé ses attaques, cheminera sur les glacis, elles reviendront sur les points menacés pour mettre directement les eaux en jeu contre lui, inonder ses tranchées, ses batteries, ses entonnoirs de mines, et défendre la terre dont il chercherait à se couvrir. La plupart de

ces travaux seraient inexécutables à bras d'hommes,
ou exigeraient une armée entière pour être faits
dans le temps convenable, tandis que quelques machines à vapeur peuvent satisfaire à tous ces besoins.

Ces machines, préparées pour le moment de la
défense, ne seront cependant pas oisives en temps
de paix ; dirigées sur de grands ateliers, elles ser-
viront à élever les remparts derrière lesquels elles
devront par la suite rendre des services plus signa-
lés ; on les emploiera aux épuisemens, au battage
des pilots, au transport des déblais, à la fabrication des mortiers ; et, les prix de ces travaux, réduits
de moitié ou des trois quarts de ce qu'ils coûtent
par les moyens ordinaires, offriront des économies
qui auront bientôt payé avec usure la dépense des
machines.

Elles ne seront pas moins utiles dans les travaux des arsenaux, et pourraient même être livrées
à l'industrie particulière ; appliquées surtout aux
irrigations, elles donneront d'immenses bénéfices.
Combien, en effet, de terrains qui, s'ils étaient
arrosés, doubleraient ou tripleraient de produit (1).

------

(1) M. de Chabrol, préfet de la Seine, a présenté, dans ses
recherches statistiques sur la ville de Paris, quelques calculs à ce
sujet. Il propose de se servir de machines à vapeur, montées sur
bateaux, pour les conduire à volonté sur tous les points d'un
cours d'eau navigable, de manière à arroser les campagnes rive-
raines. Une machine de la force de 5o chevaux, ainsi disposée,
fournissant 1.5oo pouces d'eau pour un sol dont l'élévation ne se

Certes, il est difficile de trouver un moyen plus
fécond en résultats, un auxiliaire plus puissant,
dont les services soient plus étendus et plus signa-
lés. Les machines à vapeur mobiles sont une véritable conquête pour la défense des places; c'est
donc moins sur leur utilité que nous devons main-

---

rait pas à plus de 5o pieds au-dessus du niveau des eaux, suffirait
pour l'arrosage de 5o hectares en 24 heures : la dépense totale
pour ce temps serait au plus de 15o francs, en sorte que l'arrosage d'un hectare n'irait pas au-delà de 3 francs, somme modi-
que dans le cas même où une sécheresse prolongée exigerait
de fréquens arrosemens.

Le même moyen s'appliquerait encore à la distribution des
eaux dans les villes, villages, maisons de campagnes, situées
sur le bord des rivières : ainsi, on a calculé que pour jouir de
cet avantage, dans la banlieue de Paris, il faudrait 6 réservoirs
de 3o.ooo mètres cubes chacun, et 2 machines de 1oo chevaux,
montées sur bateaux, dirigées successivement d'un réservoir à
l'autre, et élevant 1.2oo pouces d'eau à une hauteur moyenne de
15o pieds; il suffirait que ces machines fussent en action pendant
2oo jours. On aurait à établir un développement de conduites d'environ 94.ooo mètres, ce qui occasionerait une dépense de 2 millions : la construction des 6 réservoirs coûterait 6oo.ooo francs;
on en dépenserait environ 8oo.ooo pour les bateaux avec leurs
machines, ce qui élèverait les frais à 3 millions, dont l'intérêt
devrait être de 2oo.ooo francs, y compris l'amortissement : à cette
somme on joindrait 7o.ooo francs pour dépenses d'entretien, et
un peu moins pour les salaires; total, 33o.ooo francs pour intérêt des capitaux. En vendant les 1.2oo pouces, à raison de
5oo francs pour 2oo jours, on aurait encore un bénéfice annuel
de 27o.ooo francs.

Les machines à vapeur, montées sur chariot, permettent d'é-
tendre à tous les cours d'eau l'emploi d'un procédé aussi avantageux.

tenant insister, que sur les moyens de les perfectionner pour les rendre moins lourdes, moins embarrassantes, plus simples encore s'il est possible.

Ici se présente une vaste carrière à parcourir. Il est impossible en effet dans un premier essai, d'arriver de suite au meilleur résultat; ce n'est qu'avec le temps, une étude suivie, des observations continues que tout se perfectionne; c'est ainsi qu'ont eu lieu toutes les améliorations dans les arts. Combien, par exemple, de temps et d'efforts n'a-t-il pas fallu pour porter nos armes, quoique très-simples, au degré de perfection où elles sont aujourd'hui ? Dans l'état actuel de la mécanique, les machines mobiles peuvent être portées rapidement au plus haut degré de perfection; le projet que nous présentons ne doit être considéré d'ailleurs que comme un point de départ pour les perfectionnemens; il offre en effet une foule de questions de détails qui n'ont pu être résolues entièrement dans une première construction.

La chaudière surtout doit être étudiée avec de nouveaux soins; c'est une des pièces les plus essentielles de la machine, puisque c'est là que se produit la force motrice; mais c'est aussi la plus embarrassante par son volume et par son poids. Ses dimensions ont été calculées par la condition d'offrir une surface de chauffe suffisante pour la production de la vapeur nécessaire au jeu de la machine, et un réservoir d'une certaine capacité pour la vapeur déjà formée; or, il est possible de remplir ces conditions sous un moindre volume. La règle de Watt est de donner aux chaudières 5 pieds carrés de surface de chauffe par force de cheval; on porte souvent cette surface jusqu'à 1 mètre, ou 9 pieds carrés, pour être plus certain d'avoir assez de vapeur, et parce qu'on a reconnu l'avantage, pour l'économie du combustible et la durée des chaudières, d'un feu doux plutôt que très-intense; c'est aussi cette limite maximum que nous avons adoptée. On a reproché cependant à notre chaudière d'être trop petite; il serait plus vrai de dire que la machine, par l'imperfection du régulateur, n'utilise pas la vapeur fournie par la chaudière : le foyer est aussi trop resserré; mais, en corrigeant ces défauts, il est certain qu'on pourrait réduire la longueur de la chaudière de 2 à 3 pieds; ou, si l'on conserve cette longueur, donner à la machine une force de 2 à 3 chevaux de plus.

Les chaudières des machines à vapeur locomotives, en usage en Angleterre, ne laissent aucun doute à cet égard. En effet, d'après la description qu'en donne M. Héron de Villefosse, dans la *Richesse minérale*, ces chaudières ont $2^m,75$ de long et $1^m,3o$ de diamètre; leur surface de chauffe n'est que de 4 mètres, et une seule de ces chaudières suffit pour alimenter 2 cylindres de 9 pouces de diamètre et 2 pieds de course du piston, travaillant à double effet, à haute pression et sans conducteur, comme dans notre machine; la capacité réunie des deux cylindres, d'où dépend la consommation de la vapeur, est de 80 litres ; tandis que le seul cylindre de notre machine n'offre qu'une capacité de 52 litres, et est alimenté par une chaudière ayant environ 12 mètres carrés de surface de chauffe.

Il résulte également, du Mémoire de M. Marestier, sur les bateaux à vapeur des États-Unis d'Amérique, qu'à New-York, où l'on construit les nombreux bateaux à vapeur qui naviguent dans ces contrées, on règle la grandeur des chaudières d'après cette donnée de l'expérience, *que 4 chaudières de 0^m,60 à 0^m,75 de diamètre, et de 5^m,50 à 6^m,00 de long, suffisent pour 100 chevaux.* Ce serait donc une chaudière pour 25 chevaux, ou 100 litres environ par force de cheval ; or, notre chaudière en offre 260.

Il est donc prouvé que notre chaudière peut être beaucoup réduite de volume, surtout si on augmente le diamètre de son foyer, afin de donner au feu plus d'activité. Peut-être serait-il possible alors de disposer dans son intérieur un ou deux tubes bouilleurs, afin de diviser la flamme, de mieux utiliser la chaleur, et d'augmenter encore la surface de chauffe. On a donné plus d'extension encore à cette idée dans un bateau à vapeur, construit l'année dernière à Paris, pour la marine royale ; le réservoir de vapeur y est séparé de la chaudière proprement dite, et celle-ci est formée de deux enveloppes cylindriques et concentriques, à 4 pouces de distance l'une de l'autre, dont l'intervalle est constamment rempli d'eau. Le foyer établi dans l'enveloppe intérieure est alors très-grand : on peut y brûler beaucoup de combustible à la fois, et surtout y placer de nombreux bouilleurs qui mettent très-bien à profit la chaleur.

Mais de plus grandes améliorations se préparent encore ; on a senti que, puisque les dimensions à donner aux chaudières ne dépendaient pas de la quantité d'eau qu'elles pouvaient contenir, mais seulement de leur surface de chauffe, on pouvait y substituer des tuyaux qui auraient l'avantage d'offrir à l'action du feu une très-grande surface sous un très-petit volume, en même temps qu'une très-grande résistance. Perkins, à qui l'on doit cette idée, a donné à ces chaudières le nom de *générateurs*. On fait maintenant de nombreux essais pour les perfectionner ; il est surtout difficile de les alimenter par un courant d'eau assez continu pour empêcher les tuyaux de rougir et de se brûler très-promptement. Ce nouveau système réduirait de moitié ou des trois quarts le poids et le volume des chaudières ordinaires.

Enfin, il est possible aussi de réduire la surface de chauffe d'une chaudière, et par suite son volume et son poids, en donnant au feu une grande intensité, au moyen d'un ventilateur mu par la machine elle-même, ce qui permet de supprimer la cheminée (1).

----

(1) L'activité du foyer a la plus grande influence sur la quantité de vapeur que peut produire la surface de chauffe d'une

Les autres parties de la machine sont également susceptibles de perfectionnemens ; on n'a pu en effet, dans une première construction, s'éloigner beaucoup des dimensions et équarrissages en usage ordinairement pour les machines fixes, où l'excès de solidité est plutôt un avantage qu'un inconvénient ; mais, pour une machine mobile, le poids de chaque pièce devient important à considérer : cette seule étude

---

chaudière. M. Clément-Desormes a reconnu qu'on obtenait ordinairement, dans les chaudières des machines à vapeur, 25 à 30 kil. de vapeur par mètre carré de surface de chauffe et par heure, en prenant la moyenne de toutes les parties de la chaudière exposée à l'action du feu, et avec cette condition d'ailleurs, que 1 kil. de charbon fournisse 6 kil. de vapeur, ce qui exige qu'on ne pousse pas le feu avec trop de violence. Si, au contraire, on ne craint pas la dépense du combustible, on peut obtenir sur la même surface de 1 mètre carré, et dans 1 heure, 50 à 60 kil. de vapeur, et même jusqu'à 100 kil., en faisant un feu de forge ; mais il en résulte une perte énorme de chaleur par le courant de gaz emporté dans la cheminée ; tellement que, si on utilisait ce courant pour échauffer une autre chaudière, on obtiendrait encore une grande quantité de vapeur. Avec un ventilateur, au contraire, la température de la cheminée n'étant plus une condition nécessaire pour obtenir un fort tirage, on peut utiliser la plus grande partie de la chaleur qui se perd dans la cheminée ; et, comme le foyer peut être porté alors à une très-haute température, et que dans tous les cas la chaudière ne s'échauffe que par la différence de cette température avec celle de l'eau qu'elle contient, on obtient une très-grande masse de vapeur ; il en résulte même une économie de combustible, car on a trouvé qu'en remplaçant le condenseur d'une machine ordinaire par une pompe soufflante, on compense, et au-delà, tout l'avantage que donnait le condenseur.

8

exige un travail considérable auquel nous n'avons pu nous livrer. L'emploi du bronze, substitué à la fonte, favoriserait beaucoup ce genre d'amélioration, en raison de sa résistance, surtout pour le cylindre à vapeur et les pompes à eau : ce métal éviterait aussi les ravages que la rouille peut faire dans les pièces en fer, et l'entretien de la machine serait alors réduit aux seules tiges des pistons et aux tourillons des bielles.

Enfin, plusieurs parties même du mécanisme peuvent être simplifiées ou rendues d'un service plus commode, moins minutieux ; l'usage seul permettra de juger les améliorations dont tous ces détails sont susceptibles. Mais de tels travaux exigent beaucoup de temps, de bons ouvriers, et surtout de l'argent, ce nerf de toute entreprise : or, ce sont précisément des élémens qui nous ont manqué. L'importance des résultats que l'on peut attendre déterminera maintenant les sacrifices qu'il convient de faire pour les obtenir.

Au degré de perfection où l'on peut espérer de porter les machines à vapeur mobiles, il est difficile de prévoir où s'arrêtera leur influence dans la défense des places. Si en effet, avec le secours de moteurs aussi puissans, et indépendamment de toutes les ressources actuelles de l'art défensif, l'assiégé parvient à soulever de leur lit les eaux des ruisseaux et des rivières qui baignent les places, que deviendraient, sous l'action de telles masses d'eau, les faibles travaux de l'assiégeant, ses batteries, ses tranchées,

ses mines, qui, creusées dans le sol, peuvent devenir autant de réservoirs impraticables; et comment pourrait-il lutter contre un tel agent, découvert et en prise à tous les feux meurtriers de la place?

Lorsqu'on fit usage des premiers canons, on ne
prévoyait guère qu'on pût en faire aujourd'hui un
emploi aussi étendu. Il n'est pas rare en effet de voir
maintenant dans une place 2 à 300 bouches à feu,
et quelquefois plus encore (1); or, sur une masse
aussi considérable d'artillerie, 2, 3, ou même 10
pièces de plus ou de moins, influeraient-elles d'une
manière bien sensible sur les résultats de la défense?
Ce n'est guère probable; cependant ce seul nombre de machines à vapeur peut donner les résultats
les plus décisifs. La dépense serait d'ailleurs à peu
près la même dans les deux cas; car une pièce de
24, avec son approvisionnement de siége, revient à
envion 26.000 fr. (2), c'est-à-dire à peu près autant

---

(1) Dans le dernier blocus d'Anvers, on comptait plus de 500
pièces en batterie sur les remparts. Lors de la prise de Mayençe,
en 1792, on trouva dans la place 430 pièces en bronze et 107 en
fer. Dantzig, lors du dernier siége, était armé de 309 bouches à
feu, et tous les états d'armement en demandaient davantage. La
place de Magdebourg, lorsqu'elle fut prise par les Français, était
armée de 800 bouches à feu.

(2) D'après Gassendi, une pièce de 24, dont le
poids est de 5.628 livres, revenait autrefois, toute
faite, à raison de 36 sols la livre, ou. . . . . 10.128 fr.
D'après une note de M. Dussaussoy, elle coûtait à
l'arsenal de Séville, pendant la guerre d'Espagne, où
l'on fabriquait très en grand, 10.831 fr.

qu'une machine à vapeur de 12 chevaux avec ses accessoires. Or, si on considère le nombre immense de bouches à feu qui composent l'armement de toutes nos places, et les dépenses que l'on fait chaque année pour le compléter, doit-on regarder aux frais de construction de quelques machines à vapeur mobiles pour hâter leurs progrès et commencer à jouir des services qu'elles peuvent rendre?

Les moyens employés jusqu'ici par l'art défensif pour assurer l'indépendance du pays et la conservation de ses richesses, sont malheureusement improductifs par eux-mêmes : les machines à vapeur, au contraire, peuvent gagner avec usure l'intérêt de leur dépense ; employées dans les travaux militaires et les arsenaux, elles donneront des économies considérables qui laisseront des fonds disponibles pour de nouvelles améliorations ; livrées

---

Report de la note. . . . . 10.128 fr.

L'affût, sans l'avant-train, coûtait autrefois 547 fr., et tout compris on peut supposer au moins. . . . . 800 fr.

Pour l'approvisionnement à 1.000 coups :

1.000 boulets, offrant un poids total de 12.000 kil., lesquels coûtent, aux forges d'Hayange, 270 fr. les 1.000 kil., plus 10 fr. de port jusqu'à Metz. . . . . 3 240 fr.

4.000 kil. de poudre, à raison de 2 fr. 50 c. le kil., prise aux poudrières, et qu'on doit porter au moins à 3 fr. à cause des transports, déchets, frais d'emballage, etc. . . . . 12.000 fr.

Total. . . . . 26.168 fr.

même à l'industrie particulière, elles peuvent offrir des bénéfices encore plus grands, et au premier signal de guerre, rangées sous les remparts, elles seront encore de puissans auxiliaires pour la défense de nos forteresses.

LÉGENDE.

1,1. Chaudière en tôle de fer, de 4 lignes d'épaisseur : elle a été essayée à une pression de 25 atmosphères, quoique la tension de la vapeur ne dût jamais s'élever au-dessus de 6 atmosphères.

2,2. Soupapes de sûreté.

3,3. Rondelles fusibles destinées à suppléer aux soupapes de sûreté, si celles-ci ne fonctionnaient pas ; elles sont couvertes d'une grille en fer pour les empêcher de bomber sous la pression ordinaire que doit supporter la chaudière.

4. Trou d'homme pour visiter l'intérieur de la chaudière et la remplir d'eau ; un robinet placé à l'opposé sous la chaudière sert à la vider.

5. Tuyau de la cheminée dont on enlève la partie supérieure pour la marche du chariot.

6,6. Cylindre intérieur où l'on fait le feu ; la grille a 2^m, 3o de longueur.

7,7. Conduits pour la fumée, qui communiquent d'une part au cylindre servant de foyer à l'un des bouts de la chaudière, et de l'autre au tuyau de la cheminée.

8. Porte du foyer.

9. Cendrier.

10. Tube de niveau en verre, pour indiquer la hauteur d'eau dans la chaudière ; il est fixé entre deux robinets qui permettent d'interrompre sa communication avec la chaudière, afin que s'il vient à se casser, on puisse le remplacer pendant le jeu même de la machine.

11. Brancards du chariot sur lesquels reposent la chaudière et la machine.

12. Avant-train.

13. Tuyau d'admission de la vapeur.

14. Tuyau de fuite.

15. Cylindre à vapeur dans lequel joue le piston moteur ; celui-ci a 1 pied de diamètre et 2 pieds de course.

16,16. Pompes à double effet qui aspirent et refoulent l'eau d'une manière continue.

17. Balancier en fonte qui relie les tiges des pompes à eau et du piston moteur.

18. Régulateur de la machine à vapeur qui détermine le mouvement de va et vient en faisant passer successivement la vapeur au-dessus et au-dessous du piston moteur, et en donnant ensuite à cette vapeur une issue dans l'air après qu'elle a produit son effet. Ce régulateur est formé de deux pistons distributeurs portés sur une même tige, qui ouvrent et ferment successivement les orifices d'admission et de fuite de la vapeur. Il reçoit son mouvement par une tringle fixée au balancier, qui joue librement dans la tige des pistons creusée à cet effet; cette tringle porte deux tocs, l'un intérieur qui fait monter la tige des pistons lorsque le balancier s'élève, l'autre extérieur qui fait descendre cette même tige lorsque le balancier s'abaisse. Le régulateur ne commence à marcher que lorsque le piston moteur est arrivé à 3 pouces de la position extrême qu'il doit prendre soit en haut, soit en bas de sa course; à ce point il est entraîné avec une vitesse égale à celle de ce piston. Plusieurs conduits ménagés dans l'épaisseur de la fonte favorisent le jeu de la vapeur distribuée par le régulateur soit pour son entrée dans le cylindre à vapeur, soit pour sa sortie dans l'air.

19. Robinet à vapeur; c'est le gouvernail de la machine, en permettant de mettre cette machine en action, de l'arrêter, ou de lui donner une vitesse plus ou moins grande, selon que l'on admettra plus ou moins de vapeur; cette vitesse pour être bonne doit être de 30 à 45 pulsations complètes par minute.

20. Pompe alimentaire.

21. Guides en fonte entre lesquelles joue le balancier.

22. Galets en cuivre pour faciliter le mouvement de va et vient du balancier entre les guides.

23. Chantiers sur lesquels repose l'arrière-train de la machine.

24. Roues servant de volant lorsque l'arrière-train de la machine est soulevé au-dessus du sol et repose sur les chantiers.

25. Essieu des roues de derrière; lorsque la machine est en jeu, il roule dans des boîtes en cuivre fixées sous les brancards du chariot. On peut le rendre fixe pour la marche

au moyen d'un boulon qui le traverse ainsi qu'un collier qui l'embrasse.

26. Bielles qui transmettent le mouvement du balancier aux roues servant de volant.

27. Manivelles qui s'emboîtent sur la tête des moyeux des roues, où elles sont fixées par une clef qui les traverse ; ces moyeux sont en fonte pour que cet assemblage soit plus solide.

28. Clefs qui traversent les moyeux des roues et l'essieu de manière à rendre ces pièces solidaires lorsque les roues doivent servir de volant ; on les enlève pour la marche du chariot, afin que les roues soient mobiles sur leur essieu.

29. Traverse en fer qui relie les deux guides du balancier ; cette pièce est fort utile pour faciliter toutes les manœuvres de force relatives au montage et au démontage de la machine, en offrant un point fixe pour y accrocher la moufle nécessaire pour faire ces manœuvres.

30. Tuyau d'aspiration des pompes à eau ; on doit raccorder l'extrémité de ce tuyau sous la machine, à la conduite de prise d'eau, par un bout de tuyau en cuivre, en plomb, ou même en cuir pour être plus flexible, afin de partager plus facilement la distance jusqu'à cette conduite.

31. Tuyau de fuite des pompes à eau ; on le rattacherait par un tuyau un peu flexible à la conduite qui doit distribuer l'eau élevée par la machine.

32. Réservoir d'air destiné à régulariser la vitesse de l'eau dans la conduite de fuite ; on pourrait à la rigueur s'en passer d'après l'effet continu des pompes à eau.

33. Boîtes des clapets d'aspiration pour visiter ces clapets et les réparer s'ils ne fonctionnent pas.

34. Boîtes des clapets de fuite.

35. Plaque d'assise boulonnée sur les brancards du chariot et sur laquelle se trouvent fixés par des pates boulonnées le cylindre à vapeur et les pompes à eau.

36. Pates ou agrafes qui relient les pompes à eau au cylindre à vapeur de manière à former de ces 3 cylindres un système invariable.

37. Traverses en fer pour consolider encore ce système.

FIN.

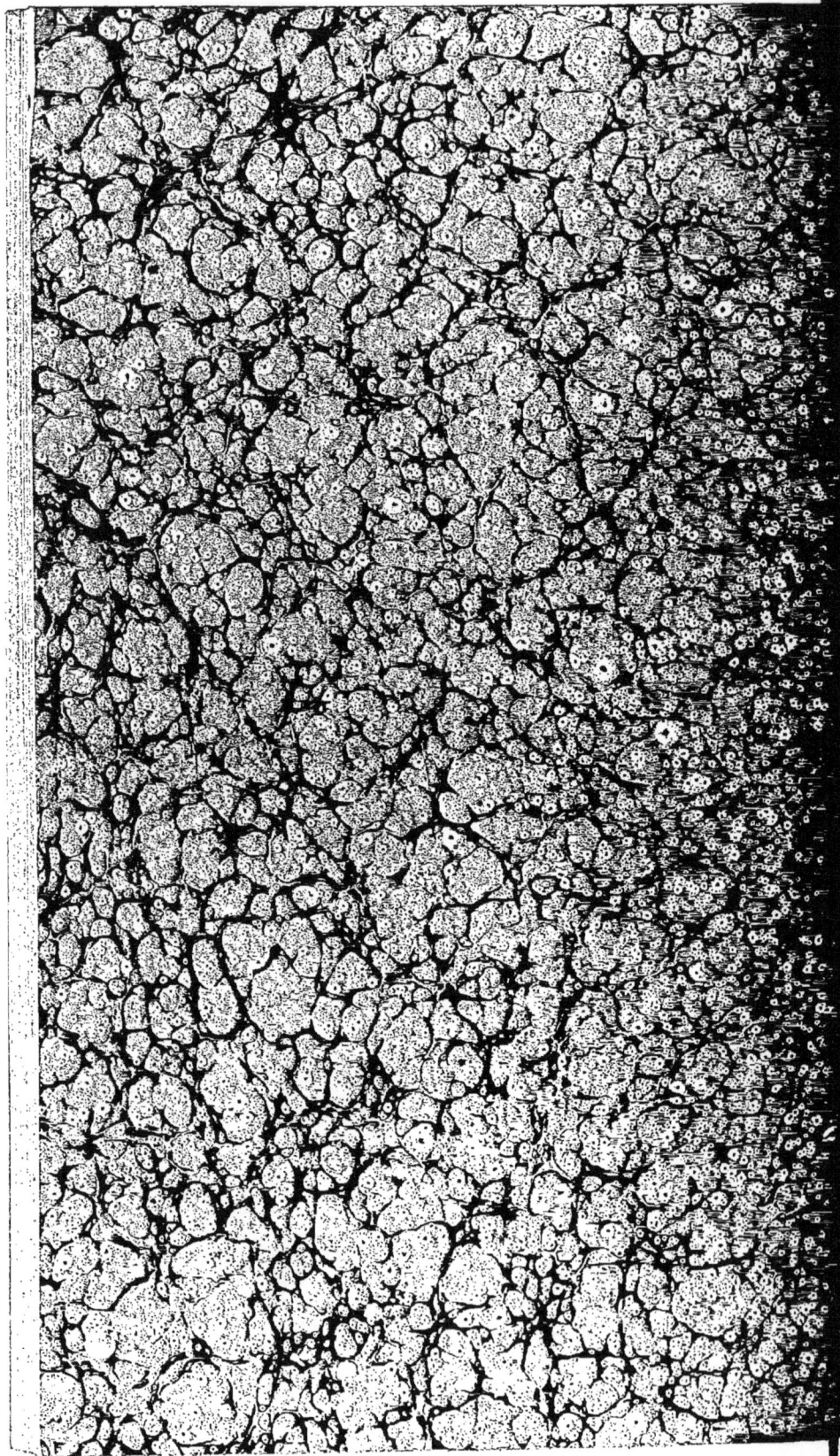

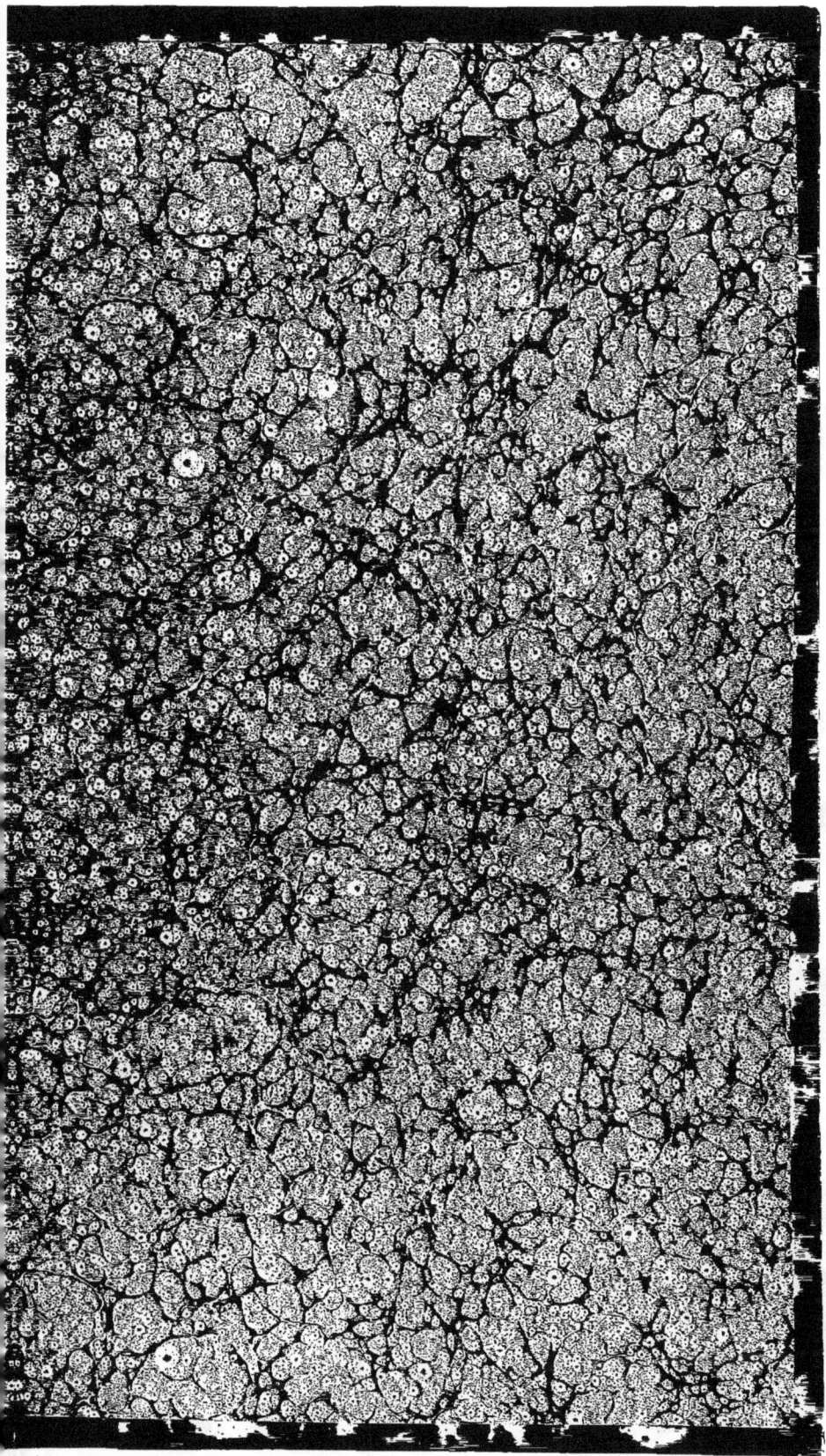

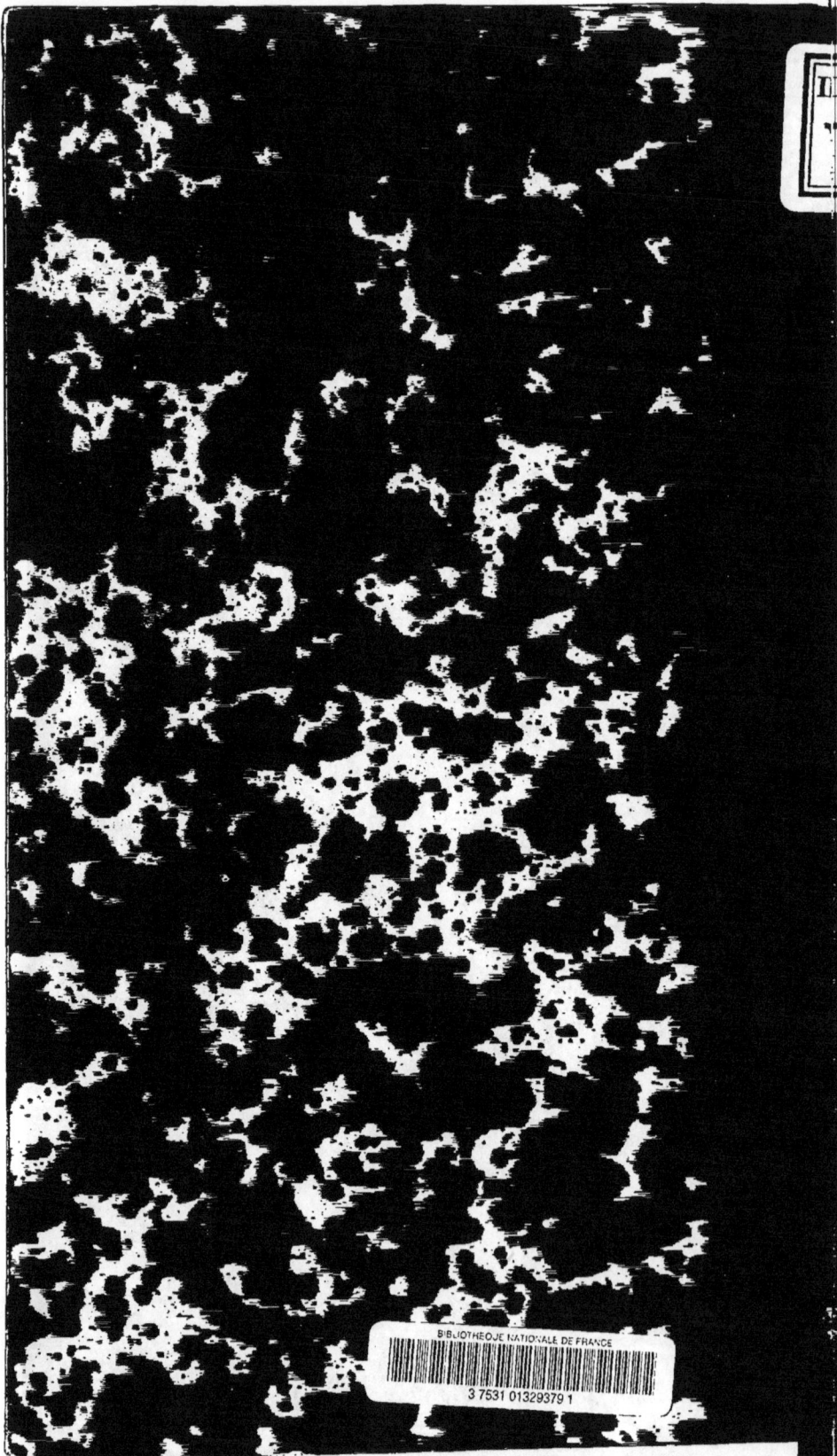

BIBLIOTHEQUE NATIONALE DE FRANCE

3 7531 01329379 1

www.ingramcontent.com/pod-product-compliance
Lightning Source LLC
Chambersburg PA
CBHW062027200326
41519CB00017B/4951